U0258564

与爱因斯坦共进早餐

日常生活中的怪诞量子物理学

[美] 查德·奥泽尔（Chad Orzel）_著

胡小锐 _译

Breakfast with Einstein

The Exotic Physics of
Everyday Objects

中信出版集团 | 北京

图书在版编目（CIP）数据

与爱因斯坦共进早餐 /（美）查德·奥泽尔著；胡
小锐译 . -- 北京：中信出版社，2019.11（2020.2重印）
书名原文：Breakfast with Einstein: The Exotic
Physics of Everyday Objects
ISBN 978-7-5217-1053-3

I. ①与… II. ①查… ②胡… III. ①量子论 - 普及
读物 IV. ①O413-49

中国版本图书馆CIP数据核字（2019）第208886号

Breakfast with Einstein: The Exotic Physics of Everyday Objects by Chad Orzel
Copyright © 2018 by Chad Orzel
Published by arrangement with Folio Literary Management, LLC and The Grayhawk Agency
Simplified Chinese translation copyright © 2019 by CITIC Press Corporation
ALL RIGHTS RESERVED
本书仅限中国大陆地区发行销售

与爱因斯坦共进早餐

著　者：[美] 查德·奥泽尔
译　者：胡小锐
出版发行：中信出版集团股份有限公司
　　　　　（北京市朝阳区惠新东街甲4号富盛大厦2座　邮编　100029）
承 印 者：北京诚信伟业印刷有限公司

开　本：880mm×1230mm　1/32　　印　张：8　　　字　数：172千字
版　次：2019年11月第1版　　　　印　次：2020年2月第2次印刷
京权图字：01-2019-2212　　　　　广告经营许可证：京朝工商广字第8087号
书　号：ISBN 978-7-5217-1053-3
定　价：48.00元

版权所有·侵权必究
如有印刷、装订问题，本公司负责调换。
服务热线：400-600-8099
投稿邮箱：author@citicpub.com

献给我最喜爱的小家伙——戴维

在我认识的所有小家伙中，你是我最深爱的

目
录

引 言 ... V

第1章 **日出：基本相互作用** ... 001

引力 ... 004

电磁力 ... 008

强核力 ... 011

弱核力 ... 015

故事的其余部分 ... 020

第2章 **加热元件：普朗克的量子假设和黑体辐射公式** ... 021

光波与颜色 ... 025

热与能量 ... 029

紫外灾难 ... 032

量子假设 ... 038

第3章　数码照片：赫兹的偶然发现和爱因斯坦的启发性观点 ... 041

　　赫兹的实验　 ... 044

　　一名专利审查员的启发性观点　 ... 047

　　光电技术　 ... 052

第4章　闹钟：足球运动员的原子模型 ... 057

　　计时技术简史　 ... 059

　　谱线的秘密　 ... 062

　　最不可思议的事：原子内部　 ... 065

　　进入量子世界　 ... 068

　　原子钟　 ... 074

第5章　互联网：寻找问题的解决方案 ... 077

　　互联网之前的网络　 ... 080

　　原子是如何发光的　 ... 083

　　爱因斯坦对光的理解　 ... 086

　　激光的历史　 ... 090

　　"一个寻找问题的解决方案" ... 095

　　激光之网　 ... 097

第6章　气味：泡利不相容原理与电子的波动性 ... 099

　　气味的作用原理　 ... 102

　　元素周期表　 ... 105

从"旧量子理论"到现代量子力学　... 109

泡利不相容原理与电子壳层　... 113

电子的自旋和内禀角动量　... 115

从轨道到导波再到概率　... 118

现代化学　... 123

第7章　**固体：海森堡的不确定性原理**　... 125

必然存在的不确定性　... 129

零点能量　... 132

不确定性原理　... 134

原子的稳定性　... 138

泡利不相容原理与固形物　... 140

白矮星、中子星与黑洞　... 146

第8章　**计算机芯片：互联网与薛定谔的猫**　... 149

猫悖论　... 152

把化学键视为猫态　... 156

多即不同　... 158

从谱线到能带　... 160

为什么会有带隙？　... 163

绝缘体和导体　... 166

半导体的广泛应用　... 169

第9章　**磁体：让物理学家乐此不疲的磁性材料**　... 177

磁导航　... 180

磁性电子 ... 184

磁性原子 ... 187

磁性晶体 ... 191

磁性数据存储 ... 194

第 10 章 烟雾探测器：α粒子和量子隧穿效应 ... 197

烟雾探测的经典物理学 ... 199

放射性的奥秘 ... 201

量子隧穿 ... 205

阳光和原子分裂 ... 211

第 11 章 量子加密：最后一个杰出的错误 ... 215

保密技术的奥秘 ... 218

和宇宙玩掷骰子游戏 ... 221

量子物理学和贝特里奇头条定律 ... 223

从爱因斯坦到贝尔再到阿斯佩 ... 227

量子密码术 ... 233

一个杰出的错误 ... 236

结 语 ... 239

致 谢 ... 243

太阳刚刚升起，我的闹钟就响了。我从床上爬起来，开始了新的一天。卧室外面的走廊还很暗，烟雾探测器的状态指示灯在墙上投下微弱的光。我来到楼下的厨房，准备烧水泡茶。我先看了看加热元件有没有变红，以防再次把水壶放错炉头。接下来，要做早饭了。我小心翼翼地打开冰箱，以免碰掉靠磁体吸附在冰箱门上的那些艺术品。我把几片面包放入烤面包机，然后靠着操作台等待。我时不时地晃动烤架，避免面包黏在上面。

茶还有点儿烫，无法入口。在等它冷却的同时，我一边品味着飘过来的阵阵茶香，一边打开电脑浏览新闻。每天早晨，我的社交媒体上都充斥着大同小异的内容，包括欧洲和非洲国家的早间新闻、亚洲国家和澳大利亚的晚间新闻，还有世界各地的朋友发在网上的孩子和猫的数码照片。至于电子邮件，大多是我的学生发来的作业帮助请求，还有一些是在线购物收据和快递单号通知。

喝完茶，吃完面包，我牵着狗出门散步。等我们回来，就该喊孩子们起床上学了。等他们上了公共汽车，我也该出发去学校了。每天，我都会给不同班级的学生讲授他们身边的物理学知识。

当知道我是一位物理学家时，人们经常会问我一些关于奇异现象的问题，这些生动多彩的案例反映出几十年来量子理论引发的辩论，包括那只著名的在同一时刻既活又死的薛定谔的猫，被爱因斯坦讥讽为"鬼魅般的超距作用"的量子纠缠，上帝是否真的在和宇宙玩掷骰子游戏等。这些话题既让专业物理学家无限神往，也让非科学人员浮想联翩，因为它们扰乱了我们对世界如何运转的直觉认识。

虽然物理学家与物理学的普及者已经成功地让这些抽象和看似奇怪的概念融入了流行文化，但在某种程度上，我们也是这种成功的受害者。听说这些奇怪而迷人的现象之后，大多数人都以为这类情况只会出现在耗资数十亿美元的大型强子对撞机等实验中，或者发生在像黑洞的事件视界附近那样的极端天体物理环境中。由于这些现象的反直觉性质，以及我们必须借助隐喻才能用非数学术语描述它们，因此大多数人都认为量子物理学与日常生活完全无关。

然而，如果没有"奇异"的量子物理学，那么本书开头描述的发生于一个平凡早晨的那些事都不可能发生，这也许会让你感到惊讶吧。闹钟表示的时间可以追溯到原子内部的能态，能态之所以存在，是因为电子具有波动性。我们经常用电脑相互发送有趣的猫模因，但如果没有像薛定谔的那只声名狼藉的僵尸猫那样的量子叠加，我们就无法理解在电脑中发挥核心作用的半导体芯片。如果没有奇怪的量子自旋统计定理，我们就无法解释香味的化学原理，也无法解释阻止早饭穿过餐桌掉到地上的固态物质的稳定性。

仔细审视就会发现，在我们的日常世界里，"奇异""抽象"的量子物理学现象的影响几乎无处不在。即使是最普通的活动，例如我们每天早晨的常规活动，只要我们稍加挖掘，就会发现它们基本上也是量子现象。

乍听上去这似乎不太可能，如果你仔细想想，就会发现确实如此。毕竟，物理学家和我们生活在同一个日常世界中。尽管最先进的物理学实验使用激光和粒子加速器，并以超出我们的日常经验水平来探索世界，但即使是最复杂的实验和观测，也必须开始和完结于日常现实。这些实验使用的精密仪器都有平凡的"血统"：即使是用来研究最神秘物理现象的工具和技术，也都是追随着奇怪现象的蛛丝马迹，经过多年一点一滴的积累形成的。而将我们引向奇异、抽象的物理现象的线索，则始于普通物体运行状态中隐藏的迹象和秘密。如果量子物理学不影响日常的宏观世界，我们就根本没必要发现它。

量子物理学的发现故事始于观测与技术，所有做过早餐的人几乎都很熟悉。第一个量子理论，也就是将"量子"一词引入物理学的那个理论，是由马克斯·普朗克提出的，目的是解释高温物体（例如电炉或烤箱中的加热元件）发出的光。尼尔斯·玻尔的氢原子模型率先将量子理论应用于物质对象。打开一盏荧光灯，它发光的背后就是物理学在起作用。

量子物理学的历史也是一部科学家大胆飞跃和侥幸命中的历史。普朗克和玻尔引入量子模型来解释经典物理学无法解释的现象，可以说这是他们在不得已的情况下做出的选择。路易·德布罗意（Louis de Broglie）为了追求数学上的优雅感，提出电子可能具有波的特性。事实证明，物质的波动性对于理解和控制电流的运动至关重要，大量的现代技术因此诞生。沃尔夫冈·泡利（Wolfgang Pauli）提出的泡利不相容原理，轻松地解释了化学的基础概念。在理解就连泡利本人也没有考虑到的问题（例如，冰箱贴的物理学原理，固体不会自行坍缩的原因）时，泡利不相容原理也很重要。

阿尔伯特·爱因斯坦是这一切的关键人物，所以他的名字出现在本书封面上并不只是为了增加销量。我们通常会把爱因斯坦和现代物理学的另一个分支——相对论联系在一起，如果将他与量子理论放在一起讨论，则往往会引用他晚年对该理论做出的许多言简意赅和嗤之以鼻的评论。

但是，爱因斯坦在量子物理学的发展过程中其实扮演了一个关键角色。1905年，也就是他创立相对论的那一年，他还研究并扩展了普朗克量子模型来解释光电效应。我们在现代生活中广泛使用的数码相机，就与光电效应这个重要的物理现象密不可分。10年后，爱因斯坦详细阐述了光与原子之间的相互作用，为激光的发明奠定了基础，而激光是现代电信的基石。即使在爱因斯坦与量子物理学的主流分道扬镳的那一刻，他也做出了一项宝贵的贡献：他的临别赠言引入了量子纠缠的概念，这是下一代量子技术（包括不可破译的密码技术和空前强大的计算机）的核心。

* * *

本书的目的是通过深入思考前文中描述的一个普通早晨，揭示日常现实的量子基础。在接下来的章节中，我将探索多种活动，以揭示普通工作日的常规活动与一些怪诞现象之间的依存关系。在解释量子效应与日常生活之间的关系的同时，我也会分享一些物理学家跟随线索发现量子效应的逸闻趣事。

本书无意把量子物理学拉下神坛，使其像工作日早餐一样平淡无奇。相反，我希望告诉大家，即使是在最简单的、我们视其为理所当然的日常活动中，也可能取得令人惊奇的发现。量子物理学是人类文明取得的最伟大的智力成果之一，充满了浮想联翩、令人大开眼界的新思想。只要我们善于观察，它每天都陪伴在我们身边。

第 1 章

日出：基本相互作用

太阳刚刚升起，我的闹钟就响了。我从床上爬起来，开始
了新的一天……

这是一本关于日常事物的量子物理学书籍，却从太阳谈起，似乎
给人一种挂羊头卖狗肉的感觉。毕竟，太阳是一个巨大的球形热等离子
体，体积是地球的100万倍还多，飘浮在距离我们9 300万英里①之遥的
太空中。一方面，它不是像闹钟那样的日常事物，被闹钟吵醒后，如果
你还没睡够，那么你可以随手抓起闹钟，把它扔到墙角。

另一方面，太阳从某种意义上说又是最重要的日常事物，日出意味
着一天的开始，但这个浅显的表达并不足以表现它的重要性。如果没有
太阳光，地球上的生命就无法生存——我们赖以为生的植物和氧气将不
复存在，海洋也会结冰，诸如此类。所以，人类的存在根本离不开太阳
的光和热。

---

① 9 300万英里≈1.5亿千米。——译者注

　　就本书而言，太阳也是一个有用的"演员经纪人"，可以为我们介绍量子物理学这部大戏的关键演员：构成普通物质的12种基本粒子，以及它们之间的4种基本相互作用。

　　12种基本粒子分成两大"家族"，各包含6种粒子。夸克家族的成员有上夸克、下夸克、奇夸克、粲夸克、顶夸克和底夸克，轻子家族则包括电子、μ子、T粒子和与它们对应的中微子。4种基本相互作用是引力、电磁力、强核力和弱核力。这些粒子和相互作用有一个极其普通的总称——"物理学标准模型"，你经常可以在物理教室悬挂的彩色图表中看到它们。标准模型囊括了我们知道的关于量子物理学的所有知识（从中也能看出物理学家善于为物理现象取一些朗朗上口的名字），被视为人类文明最伟大的智力成就之一。太阳是用来介绍标准模型的一个极佳案例，因为太阳的发光过程与所有4种基本相互作用都密不可分。

　　因此，我们的故事从太阳讲起，通过对它的内部运行机制展开一次旋风式的参观之旅，了解基本的物理学知识，为我们的后续研究奠定基础。我们将依次讨论每一种基本相互作用，首先是最为人所知也最明显的作用力——引力。

引力

　　如果你打算按照体育电台的"实力排名"方式，对标准模型的4种基本相互作用进行排序，那么其中三种都有跻身榜首的充分理由。不过，如果非要做出选择，我可能会把这项殊荣授予引力，因为引力是恒星存在的根本原因，它也是构成我们的身体和周围一切事物的原子存在的必要条件。正因为如此，我们才能坐在这里，讨论如何对基本力进行排序的蠢笨话题。

在日常生活中，引力可能是我们最熟悉也是最躲避不了的基本相互作用。早晨起床时，你需要克服引力的作用；我无法完成灌篮动作，也是因为引力（是的，因为引力，好吧，还因为我的体形有点儿走样了……）。我们在一生中的绝大多数时间里都能感受到引力的作用，因此在游乐园乘坐那些急速下降的设施时，短暂的失重感才如此令人着迷，甚至兴奋不已。

这种熟悉感也让引力成为科学史上研究次数最多的力之一。至少从历史记载中人类开始思考自然界运行机制的那一天开始，我们就一直在思考物体落地背后的机制。一个流传甚广的故事将物理学的起源追溯至年轻的艾萨克·牛顿，说他被树上掉落的苹果砸中后受到启发，于是提出了引力理论。但是，真实的情况与这个虚构的故事正相反。早在牛顿之前，科学家和哲学家就已经充分意识到引力的存在，对引力的作用机制的思考也取得了重要的成果。到了牛顿时代，伽利略、西蒙·斯蒂文（Simon Stevin）等人在这个问题上甚至取得了一些定量研究结果，证明了所有物体无论重量如何，都会以同样的加速度掉落地面。

年迈的牛顿曾给他的年轻同事讲述过他与苹果的故事，但当时的文献资料并没有提到这件事（尽管那段时间他正在从事引力研究）。不过，由于瘟疫爆发导致大学停课，牛顿确实在他家位于林肯郡的农场中待了很长一段时间。然而，即使这个故事是真实的，最流行的那个版本也误解了牛顿洞见的实质。牛顿的顿悟与引力的存在无关，而与它的作用范围有关。他意识到，让苹果落地的作用力和让月球围绕地球运行及让地球围绕太阳运行的作用力是一样的。在《自然哲学的数学原理》（*Philosophiae Naturalis Principia Mathematica*）一书中，牛顿提出了万有引力定律，并给出了宇宙中任意两个有质量物体之间的吸引力的数学形式。这种形式将万有引力定律和他的运动定律结合起来，物理学家可以据此解释太阳系中行星的椭圆轨道，物体在地球附近下落的恒定加速度，以及许多其他现象。它为物理学建立了一个数学科学的模版，并沿用至今。

牛顿引力定律的关键特征是，质量体间的引力与它们的距离平方成反比。也就是说，如果你让两个物体间的距离减半，它们之间的引力就会变成之前的4倍。距离越近的物体彼此间的引力越大，这就解释了为什么太阳系内行星的运行速度更快。这也意味着分散的物体有相互靠拢的趋势，而且随着它们的距离越来越近，引力也会越来越大，使得它们进一步靠拢。

不断增强的引力对于太阳的持续存在至关重要，它也是太阳光的最终来源。太阳不是一个固体星球，而是一个巨大炽热的气体星球，这些热气之所以能聚在一起，纯粹是因为构成这些气体的所有单个原子相互间的引力。尽管在对日常生活的影响方面，引力可以排在4种基本相互作用之首，但它也是其中最弱的作用力，并且弱到令人难以置信的程度——原子内部一个质子和一个电子间的引力是把它们结合在一起的电磁力的10^{-39}。然而，太阳包含大量物质——质量约为2×10^{30}千克——加在一起就会形成巨大的引力，把附近的一切都拉入太阳。

像太阳这样的恒星，是从由星际气体（主要成分是氢）和尘埃组成的云团中密度略高的一小片区域形成的。这个区域的质量较大，因此可以吸引更多气体。随着质量越来越大，引力也越来越大，吸引的气体就越来越多。在恒星不断变大的过程中，随着新气体的加入，它也开始变热。

在微观尺度上，单个原子被拉向原恒星（protostar）时，它朝星体内部下落的速度会越来越快，就像落向地面的石头一样。在理论上，我们可以通过描述每个原子的运动速度和方向来描述气体的行为，但即使我们描述的气体星球远小于太阳，这种做法也根本不切实际，其原因不仅在于原子的数量巨大，还在于它们彼此的相互作用。如果没有相互作用，原子就会以越来越快的速度被吸入气体云的中心，当它们从另一侧穿出后，速度会逐渐变慢，直至停止。之后，原子又会调转方向，重复上述过程。但是，真实的原子并不遵循如此顺畅的运动路径，而是一路上不断与其他原子发生碰撞。碰撞之后，原子的运动方向会发生变化。在引力的作用下，做加速下落运动的原子会获得能量，其中一部分会传递给与之发生碰撞的原子。

因此，对包含大量相互作用的原子的气体云来说，用温度这个集体属性来描述它更有意义。温度是物质组分的随机运动产生的平均动能的一种量度。气体的温度主要与原子的运动速度有关。[①]单个原子被拉向气体云内部并做加速运动，从引力处获取能量，进而使气体云的总能量增加。当原子发生碰撞时，能量被重新分配，温度升高，总能量不会增加，但经过多次碰撞，样品中每个原子的平均速度都会略有增加，而不会出现单一原子从一堆相对缓慢的原子中快速穿过的现象。

原子的运动速度不断加快，逐渐将气体云向外推，因为在引力让原子调转方向朝着气体云中心运动之前，速度更快的原子从中心向外运动的距离更长。但是，新原子会重新分配能量，因此原子运动距离的增加并不足以阻止原恒星的坍缩。随着新原子被吸入，原恒星的质量会增

---

① 为了让大家有一个大致的了解，我列举两个数字：室温下氢原子的运动速度约为600米/秒（是声速的两倍左右），而太阳表面附近的氢原子运动速度约为3 000米/秒。

加，引力也会增大。这反过来又会吸引更多的气体，使能量和质量进一步增加，如此循环往复。就这样，气体云的温度和质量不断增加，密度越来越大，温度也会越来越高。

如果任其发展，不断增强的引力就会把一切压缩成一个无穷小的奇点，其结果是形成一个黑洞而非一颗恒星。虽然黑洞令人着迷，可以让时空发生弯曲，并对我们最基本的物理学理论构成重大挑战，但黑洞附近的环境显然不适合我们享用工作日早餐。

令人开心的是，其他基本相互作用各司其职，阻止了恒星的坍缩，并形成了我们熟悉和热爱的太阳。接下来要讨论的是我们第二熟悉的基本相互作用——电磁力。

电磁力

我们在日常生活中常常会遇到电磁相互作用。无论是刚从烘干机里取出的袜子产生噼啪作响的静电，还是将小学生的美术作品固定在冰箱门上的磁体，都与电磁力有关。与总是相互吸引的引力不同，电磁力有可能相互吸引，也有可能相互排斥——电荷有正负之分，磁体有南北两极。相反的电荷或磁极会互相吸引，而相同的电荷或磁极则会相互排斥。电磁相互作用甚至比静电和磁体更随处可见——事实上，如果没有它，我们什么也看不见。

在19世纪早期，电磁感应是物理学领域的一个热门话题，许多与电流和磁体有关的现象首次成为物理学家的研究对象。英国人迈克尔·法拉第就是其中之一，在每个早晨都会扮演关键角色的多项技术进步都与他有关。例如，他的气体液化研究被应用于制冷行业，他发明的"法拉第笼"（与其他多项技术一起）将电磁场装入微波炉，用来烹饪食物。毫无疑问，他最重要的发现不只是电流会影响附近的磁场，还有运动的磁体和变化的磁场可以产生电流。现代便利生活离不开的商业用电生产，绝大部分都是建立在他的这一发现的基础之上。法拉第是最早通过电磁场来理解电荷和磁体行为的人之一，他认为空间中充斥着电磁场，而且电磁场可以操控远方粒子的运动。

　　法拉第是物理学领域的一位举足轻重的人物。爱因斯坦的办公室里挂有三幅人物肖像，其中之一就是法拉第，另外两个人是牛顿和詹姆斯·克拉克·麦克斯韦。遗憾的是，法拉第出身贫寒，虽然他是一位具有深刻物理洞察力的伟大实验者，但他缺乏正式的数学训练，无法把他的洞见转化成数学形式，从而说服当时的物理学家认真考虑"场"的概念。为电磁场夯实数学基础的任务后来落到了麦克斯韦肩上，他出身于一个富裕的苏格兰家庭。19世纪60年代，麦克斯韦表明所有已知的电磁现象都可以用一组简单的数学关系式来解释。用现代符号来表示的话，这组关系式就是4个"麦克斯韦方程"，它们非常简洁，适合印在T恤衫或咖啡杯上。法拉第的电场和磁场是真实存在的，它们彼此紧密相关——变化的电场会产生磁场，反之亦然。

　　麦克斯韦方程囊括了所有已知的电磁现象，还预言了一个新的统一现象——电磁波。如果振荡电场与振荡磁场以恰当的方式结合，两者在空间中传播时就会互相支持，电场的变化会引起磁场的变化，磁场的变化又会引起电场的变化，如此循环往复。这些电磁波以光速传播，已知光的行为像波；[①] 很快，麦克斯韦方程就被用来解释光的本质，也就是

---

① 我们将在第3章讨论能证明光具有波动性的实验。

说，光是一种电磁现象。电磁学为我们理解光和物质的相互作用奠定了基础，我们也将在后面的章节中看到，人们在探索实物和电磁波之间相互作用的本质时取得的许多发现，为量子力学的建立打下了基础。

我们每天接触之物具有令人熟悉的结构，这在很大程度上也是电磁力作用的结果。普通物质是由原子组成的，原子则由更小的粒子组成，这些粒子依据它们携带的电荷可被分为以下三种：携带正电荷的质子，携带负电荷的电子和电中性的中子。一个原子包含一个带正电荷的原子核，原子核内部有质子和中子，外部则排布着受原子核的电磁力吸引的电子。

前文中说过，电磁相互作用比引力强得多，派对上表演的一个魔术可以很好地说明这一点：将乳胶气球在你的头发上摩擦几下后，就可以把它粘到天花板上。在摩擦的过程中，极小一部分气球原子从你的头发原子中"偷取"一个电子，使气球携带一点儿负电荷。[1]这一点儿负电荷和天花板原子之间产生的吸引力，足以对抗来自地球的引力并让气球待在天花板上，尽管地球的质量是气球的 10^{27} 倍。

电磁力的强度是太阳形成的一个不可或缺的因素。电磁相互作用促使原子相互碰撞，将原子从引力处获得的能量转化为热。被正在形成的恒星吸入的气体的温度不断上升，一旦变得足够热——大约10万开氏度（K）或18万华氏度[2]——氢原子中的电子就会与原子核中的质子分开，

---

① 与气球摩擦后，你的头发会携带电量相等的正电荷。这个魔术可以让纤细的头发立起来，原因就在这里。由于头发都携带正电荷，因此相互之间的排斥力会让它们尽可能地分开。

② 1开度等于1摄氏度，但开氏温标没有负值，其起始值是绝对零度（分子活动达到最小值时的温度）。水的冰点是0摄氏度，约为273开氏度。

它也会变成由带电粒子构成的气体，即等离子体。引力继续压缩等离子体，但是带正电荷的质子之间的排斥力会使它们相互保持距离，并对抗引力。随着恒星继续吸入更多的气体，温度会变得越来越高。

但是，尽管电磁力和引力之间存在巨大的差异，但等离子体并不能完全摆脱引力，因为作为气体云的一部分的电子仍然存在。这些电子的运动速度非常快，很难被质子捕获形成原子，但它们的存在可使整颗恒星保持电中性。如果只有质子存在，那么大量正电荷之间的排斥力会导致恒星瞬间爆炸。但是，得益于电子起到的中和作用，每个质子只能感受到离它最近的几个质子的排斥力，而压缩整颗恒星的引力则来自所有粒子的质量。随着更多气体的加入，引力变得越来越强，最终战胜电磁力。

电磁相互作用可以减缓热等离子体在引力作用下的坍缩过程，但仅凭它并不能阻止坍缩和产生稳定的恒星。要形成稳定的太阳，还需要释放巨大的能量，使温度进一步升高。这时，我们故事的下一个角色该出场了，它就是强核力。

强核力

第三种基本相互作用是一种短程力，它的作用距离非常小，与原子核的大小差不多，约为10^{-12}毫米，相当于人类头发直径的100亿分之一。因此，我们在日常生活中不能直接感知到它的存在。但是，如果它从我们的生活中消失，那么我们肯定会察觉到，因为在我们接触的所有事物中，有99%都与它有关。

要理解强核力，我们必须先知道，组成普通物质的两种粒子——质子和中子——实际上是由"夸克"构成的。夸克是一种带电粒子，电量是电子电量的分数倍。[①]质子由两个"上"夸克（带正电荷，电量是电子的2/3倍）和一个"下"夸克（带负电荷，电量是电子的1/3倍）组成，[②]而中子由一个上夸克和两个下夸克组成。这些夸克通过强核力结合在一起，与电磁力把电子限制在原子内部的作用方式类似。正如"电荷"这种属性与电磁力有关，强核力与一种叫作"颜色"的属性有关，该属性有红、绿、蓝三个值。原子因为包含等量的质子和电子而呈电中性，同样地，质子等三夸克粒子都是由三个颜色不同的夸克构成的，因此这种粒子是"无色的"。

　　质子和中子的组分属性，以及强核力的夸克属性，有助于解释物质的一个令人困惑的特征——复杂原子的原子核是如何形成的。例如，碳原子的原子核中有6个质子，它们各自携带一个正电荷。根据电磁学，这些正电荷会相互排斥，产生可令原子核爆炸的巨大作用力。所以，很多学生在学习原子的相关知识时都会问一个问题：为什么原子核不会四分五裂呢？答案就是强核力，顾名思义，它在原子核内部起作用，而且很强大。事实上，它的强度是电磁力的100多倍，足以让原子内部的质子结合在一起。不过，既然强相互作用是发生在单个夸克之间的，那么只有当粒子足够接近，能"看出"它们由夸克组成时，才会起作用。两个相距较远的中性原子之间不会发生强相互作用，但当它们接近时，就会感受到一种要把它们结合成分子的力。同样地，无色的质子如果保持几倍于自身半径的间距，它们之间就不会产生强相互作用。这与电子屏

---

①　按现在的理解，电子是真正的基本粒子，而不是由其他更小的粒子构成。

②　"上"和"下"是随意给这些夸克取的名字，这表明物理学家喜欢给事物起一些平淡无奇的名字。

蔽质子的效应相似，就像前文说的那样，该效应可使引力阻止恒星内的等离子体发生爆炸。同理，其他颜色的夸克可以屏蔽夸克之间的强相互作用，只留下相互排斥的电磁力。

但是，在距离较近时，相邻粒子中的夸克会相互吸引，将原子核中的质子（和中子）结合在一起的就是这种力。太阳内部的强相互作用也是这样发生的。在常温下，电磁力会让质子彼此远离，使强相互作用无用武之地，随着正在形成的恒星内部等离子体的温度越来越高，质子的运动速度越来越快，^①它们彼此就会越来越接近。一旦达到该恒星核心处的温度和密度，就会有很小一部分质子因为足够接近而在强核力的作用下结合在一起。这个过程将氢（最简单的原子，原子核中只有一个质子）转化为氦（原子核中有两个质子和两个中子），同时释放出巨大的能量。

这些能量是从哪里来的？我们可以用"世界上最著名的方程式$E = mc^2$"，来简明扼要地回答这个问题。也就是说，在最初以氢的形式存在的质量中，有一部分被转化为能量。就太阳的能量释放而言，它每秒会将400万吨的质量转化为能量。但这个答案可能让人困惑不解，因为粒子的总数不变——4个氢原子核与一个氦原子一样，都包含12个上夸克和下夸克——所以，我们很难一眼看出失去的质量来自哪里。想要解释清楚这个问题，我们就需要深入研究质子和强相互作用的性质。

粒子物理学家从20世纪60年代起就意识到夸克的存在，上夸克、下夸克的属性也是众所周知。如果你用谷歌搜索引擎查找"夸克"，就会得到关于这些粒子的各种信息，包括上夸克与下夸克的质量分别为

---

① 电子的运动速度也会加快，但它们本就在做高速运动，所以速度加快没有太大影响。它们在恒星内部等离子体中起到的唯一作用，就是提供负电荷背景，从而使整颗恒星保持电中性。

2.3 MeV/C^2 和 4.8 MeV/C^2。[①] 这有点儿令人吃惊，因为用相同单位表示的话，一个质子的质量是938，大约是构成它的所有粒子质量的100倍。

那么，质子的质量又是从哪里来的？答案还是 $E = mc^2$。质子内的夸克因为强相互作用而结合在一起，含有大量的能量。在外部观察者看来，这种相互作用的能量表现为质量。一个质子大约99%的质量不是以物质粒子的形式存在的，而是表现为将夸克紧密结合在一起的强相互作用的能量。

在原子内部，被强核力结合在一起的质子和中子之间也会发生同样的基本过程。我们测量的原子核质量，不只是组成原子核的质子和中子的质量和，还包括将它们结合在一起的强相互作用的能量。

不过，强相互作用究竟贡献了多少质量，这取决于原子的具体情况和原子内部的结合方式。研究表明，对氢、氦等非常轻的原子来说，拥有较大原子核的效率略高——强相互作用结合两个质子和两个中子所需的能量，比结合4个质子所需的能量略少。当4个质子通过核聚变形成氦原子时，[②] 它们起初携带的能量超出所需，富余的能量就会以热量的形式释放出来。每个反应释放的能量非常少——以同样的能量投掷棒球的话，大约需要花一个月的时间才能到达本垒板——但太阳内部发生着大

---

① 这个单位是基于能量含量并通过 $E = mc^2$ 确定的。一个上夸克的质量是2.3MeV/C^2，表示将一个夸克转化为能量将释放出相当于230万电子伏特的能量（通常，上夸克与其反物质相互湮灭时会释放出两个光子，分别携带2.3MeV的能量）。反过来讲，在粒子加速器中制造一个上夸克，需要2.3MeV的碰撞能量（更切实际的说法是，制造一对上下夸克，需要4.6MeV的能量）。

② 如果你深入研究氢聚变过程，就会发现它相当复杂，有多条可能的中间路径，比如，与其他粒子相互作用，或者形成临时性的不稳定元素。但从整体看，重要的是起始状态（4个自由质子）和终止状态（1个氦核）之间的能量差。

量的氢聚变反应，每秒钟就有 10^{38} 次。

总而言之，在像太阳这样的恒星的形成过程中，引力和电磁力先会加热落向恒星中心的气体。当温度足够高时，少数氢原子率先聚变为氦原子，它们释放的能量又会使温度迅速提升，进而加速聚变反应。最终，向内的引力和加热产生的向外的压力达到平衡，只要恒星核心还有氢"燃料"，恒星就会保持稳定。

因此，恒星几十亿年的生命是由引力、电磁力和强核力决定的。引力将气体聚集到一起；电磁力对抗坍缩和提高温度；当温度足够高时，电磁力无法继续让质子保持距离，于是氢聚变成氦，强核力释放出巨大的能量。三者间的竞争形成了一颗稳定的恒星，为地球生命的维系提供光和热。

我们只介绍了 4 种基本相互作用中的三种，但整个故事似乎已经讲完了。不幸的是，弱相互作用似乎被遗忘了（而且，它的名字也是 4 种基本相互作用中最差的一个）。但事实上，它在为太阳提供动力方面也发挥了部分作用。与其他基本相互作用相比，它的贡献虽然更细微，但却同样重要。

弱核力

弱核力在标准模型中占据着不同寻常的位置，它可以说是最不明显的基本相互作用，但也是我们最了解的相互作用之一。关于弱相互作用及其与电磁力的密切关系的数学理论，是在 20 世纪六七十年代初发展起来的。该理论的预测得到了实验验证，2012 年发现的"希格斯玻色子"又将其推上巅峰，成为标准模型取得的最伟大的成就之一。与此同时，强核力继续给估算物质属性的理论学家制造难题，而引力与其他三种基本相互作用在数学上的格格不入也是众所周知的。①

但与此同时，要明确指出弱核力到底是干什么的，难度非常大。所以，给非物理学专业的人解释弱相互作用是一件十分棘手的事情，毕竟它不是通常意义上的可感知的力，这也是它不同于其他相互作用的地方。引力作用是我们日常体验的一个核心因素，电荷和磁体之间的电磁力也是我们能感觉到的东西。尽管强核力在一个极其遥远的尺度上发挥作用，但我们仍可以简单地把它理解成一种对抗电磁力的排斥作用，并把粒子结合为原子核的作用力。

另一方面，弱相互作用既不能把任何东西结合在一起，也不能让任何东西分开。大多数物理学家放弃"基本力"（fundamental force）这个押头韵的悦耳表达，而代之以"基本相互作用"（fundamental interaction），就是出于这个原因。弱相互作用的重要功能不是推开或拉近粒子，而是引发粒子转换。具体来说，它把夸克家族的粒子转变成轻子家族的粒子。弱相互作用使下夸克（带一个负电荷）发射出一个电子和一个被称作中微子的粒子，将它转变成上夸克（带一个正电荷）；或者使上夸克吸收一个电子并发射出一个反中微子，将它转变成下夸克。这些转换可以把中子变成质子，也可以把质子变成中子。

————————

① 我们最好的引力理论是广义相对论，它用平滑、连续时空的弯曲来描述引力的影响，而描述其他三种力的量子理论则涉及离散的粒子和突然的涨落。适用于其中一种力的数学方法不可能通过简单的转换就用于描述另一种力。几十年来，理论物理学一直饱受困扰，希望可以将这些方法结合起来，建立起量子引力理论。令我们高兴的是，同时需要使用量子物理学和广义相对论的情况（例如，黑洞中心附近或极早期宇宙的情况）非常罕见，你在一个普通早晨的所见所闻肯定不包括在内。

太阳内部发生的过程与后者有关，是著名的"β衰变"现象的反演。β衰变是指，原子核中的一个中子发射出一个电子后变成了质子。在放射性研究的早期阶段，人们就已经知道β衰变了，但在量子理论的早期阶段，如何解释这个现象却是一项恼人的挑战，并演绎出20世纪物理学领域颇具传奇色彩的故事之一。

关于β衰变的一个问题是，原子核释放出的电子携带的能量大小不一（有的可达到最大值）。仅涉及两个粒子的反应不应该出现这种情况，因为根据能量守恒和动量守恒定律，释放出的电子携带的能量应该具有唯一性（就像"α衰变"过程那样，重核释放出一个氦核，即结合在一起的两个质子和两个中子）。如何解释β衰变过程中可见的能量范围，是一个长期困扰物理学家的难题，一些人因此提出了极端的方法，比如不再把能量守恒定律视为物理学的一条基本原理。

年轻的奥地利物理学家沃尔夫冈·泡利找到了解决办法，他于1930年提出，β衰变涉及的粒子不止两种，而是三种——中子转变成的质子、电子和尚未探测到的质量很小的第三种粒子。（泡利是在写给某个学术会议的一封信中提出这个观点的。因为要参加在苏黎世举办的一场舞会，所以泡利不打算出席这次会议。）人们很快就把这种新粒子命名为"中微子"，它会带走一些能量，确切数量取决于电子和中微子离开原子核时的精确动量。

最初，引入中微子似乎与放弃能量守恒定律一样，都是绝望之余的冒险尝试。泡利在写给朋友的信中坦承道："我做了一件可怕的事。我假设存在一种无法探测的粒子。这是理论家绝不应该做的事。"但几年后，伟大的意大利物理学家恩利克·费米（Enrico Fermi）将泡利的粗略建议发展成完整的、非常成功的β衰变的数学理论，而且很快就被人们接受了。泡利首创的中微子被证实是三种中微子中的一种，即电子中微子，另外两种是μ中微子和τ中微子。尽管一开始时泡利因无法探测到中微子而感到遗憾，但事实上中微子是可以探测到的，1956年克莱德·科温（Clyde Cowan）和弗雷德里克·莱茵斯（Frederick Reines）通过实验证实了这一点。[①]

　　这一切与太阳有什么关系呢？答案很微妙，但前文中关于核聚变的讨论中暗含着些许线索。太阳的能量是通过氢核聚变成氦核产生的，氢核由单个质子构成，而氦核由两个质子和两个中子结合而成。在聚变过程的某个环节，两个质子需要转变成两个中子，这可能要归功于弱核反应和上文提到的"逆β衰变"过程（在这个过程中，一个质子转变成一个中子，并发射出一个中微子）。[②]结果，太阳产生数量惊人的中微子（在地球上可被探测到），通过测量这些太阳中微子，我们就可以了解在太阳核心发生的核反应和中微子的属性。

　　在恒星内部发生的质子向中子的转换，对于我们日常生活中接触的各种各样元素（比如，我们呼吸的空气和我们饮用的水中的氧，我们吃的食物中的碳，我们脚下土地中的硅）的存在都具有至关重要的意义。

---

① 莱茵斯因为这项成果获得了1995年的诺贝尔物理学奖（科温于1974年去世，诺贝尔奖从不授予已故者）。此外，还有两项诺贝尔奖被颁发给中微子探测者，他们分别是：2002年的获奖者雷蒙德·戴维斯（Raymond Davis）、小柴昌俊（Masatoshi Koshiba），2015年的获奖者梶田隆章（Takaaki Kajita）、阿瑟·麦克唐纳（Arthur McDonald）。

② 在这个过程中，质子必须发射出一个正电子（电子的等价反粒子），或者从太阳的原始气体中剩余的大量电子中吸收一个。如果质子释放出正电子，这个正电子很快就会与上述电子中的一个相互湮灭。所以，两种情况的最终结果是一样的：一个质子和一个电子消失，取而代之的是一个中子和一个中微子。

当一颗非常重的恒星燃烧掉其核心的大部分氢时，它就会开始将氦聚变为更重的元素；在氦即将耗尽时，这颗极重的恒星又会开始燃烧碳。依此类推，整个过程按照元素周期表的顺序进行下去。但每一步，聚变释放的强相互作用能量都在不断减少，[①]直到硅聚变成铁。铁的聚变反应不会释放任何能量，从而切断了支撑恒星核心的热量流动。这时，恒星的外层会向内坍缩，在核心处反弹后诱发超新星爆发。由于超新星爆发会释放出巨大的能量，因此爆发恒星的亮度常会暂时超过其所在星系的其他星体。

超新星爆发时，恒星大部分质量都被向外喷射进入不断膨胀的气体云，其中包括聚变反应后期在核心处产生的较重元素。这些气体云膨胀、冷却，并与附近的其他气体相互作用，形成了下一代恒星或岩质行星的原材料。岩质行星又称类地行星，其主要成分是在濒死恒星核心处产生的重元素。

我们在地球上看到的各种各样的物质——岩石、矿物质、可呼吸的空气、植物和动物——都是由死亡恒星的灰烬通过4种基本相互作用形成的。从宇宙大爆炸后不久形成的简单氢云开始，引力将气体拉到一起，电磁力对抗坍缩并加热气体，强核力则在核聚变过程中释放出巨大的能量。最后，弱核力促使粒子发生转换，把氢变成更重也更有趣的元素。这些基本相互作用缺一不可，否则我们的日常生活将不复存在。

---

① 核聚变释放的能量不断减少，可通过表现为质量的强核力能量来理解：结合氦核中的12个夸克所需的能量明显少于结合4个单一质子所需的能量，但随着粒子数量的增加，节省下来的能量会不断减少。这与人群分组的组织效率有点儿相似：两个人合租一套公寓比一个人独自租一套公寓便宜，但增加室友节省下来的开支是有限度的，为第六个室友提供住宿的成本可能会大大超过节省的开支。同样，在一个大原子核中加入更多粒子，并不能节省多少能量。

故事的其余部分

以上内容并不是基础物理学的全部故事。为太阳提供能量的4种基本相互作用只是我们已知的相互作用，但标准模型除了包括构成质子和中子的上、下夸克以外，还包括其他4种夸克，除了电子和电中微子以外，还包括其他4种轻子。标准模型中的粒子还有等价反物质——质量相同但电荷相反的粒子——当一个粒子遇到它的等价反物质时，二者就会相互湮灭，将质量转化为高能光子。人们不仅通过实验验证了所有这些粒子，还深入研究了它们的属性。

但是，这些粒子都不能长时间存在（其中寿命最长的可能是μ子，平均约为2×10^{-6}秒），所以它们对日常体验的影响微乎其微。在地球上进行的物理实验或者天体物理事件，都可以通过普通粒子的高能碰撞制造出这些比较特殊的粒子，但它们会迅速衰变为上夸克和下夸克（通常表现为质子和中子的形式），以及电子和中微子。它们的发现和标准模型的发展史是一个非常有趣的故事，但不在本书的写作范围内。

为了探索与日常事物有关的物理学，我们可以把关注点放在我们最熟悉的三种粒子上：质子、中子和电子。它们结合在一起可以形成原子，原子又可以构成我们在日常生活中接触到的所有东西。就基本相互作用而言，普通早晨的常规活动主要依赖于电磁力，它负责将原子和分子结合在一起，并让物质与光产生联系。

不过，我们应该记住，即使是像物体质量这种看似基本的东西，深入研究的话，也可以追溯到强核力这一奇异的物理现象。4种基本力的作用对象是各种夸克和轻子，就算我们每天见面的伙伴——太阳，它的运行也离不开这些基本相互作用。

第 2 章

加热元件：
普朗克的量子假设和黑体辐射公式

我来到楼下的厨房，准备烧水泡茶。我先看了看**加热元件有没有变红**，以防再次把水壶放错炉头……

高温物体发出红光是最简单，也最普遍的物理现象之一。如果你加热大块材料（无论是什么材料），只要温度足够高，它就会开始发光，先是红色，然后是黄色，之后是白色。光的颜色仅取决于物体的温度。材料并不重要，一根透明玻璃棒和一根黑色铁棒，如果被加热到相同的温度，它们就会发出同样颜色的光。加热的方法也不重要，不管是让电流通过金属线圈，还是在炽热的炉子里锻造那个线圈，只要达到特定的温度，热金属线圈的颜色就是一样的。

这种简单而普遍的行为对物理学家而言就像"猫薄荷"，因为它表明有某个简单而普遍的基本原理在起作用。16世纪晚期，伽利略和西蒙·斯蒂文通过实证研究证明，不同材质和重量的物体会以相同的速度下落——斯蒂文从教堂塔顶扔下两个铅球，其中一个的重量是另一个的

10倍。[①] 17世纪，艾萨克·牛顿受到这一观察结果的启发，建立了他的万有引力定律。几百年后，同样是这个简单而普遍的行为，给了阿尔伯特·爱因斯坦不一样的启发，建立了广义相对论（到目前为止，它仍然是最好的引力理论）。根据爱因斯坦的回忆，1907年的那个下午对广义相对论来说是关键时刻。当时，在伯尔尼专利局工作的爱因斯坦突然意识到，如果一个人从屋顶跌落，那么在下落的过程中，他应该会有失重感。这个洞见把加速度和引力联系在一起，为广义相对论奠定了基础。爱因斯坦称这是"我一生中最美妙的想法"。为找到描述这个美妙想法的数学表达式，爱因斯坦花费了8年时间，但他取得的最终成果是现代物理学最伟大和最成功的理论之一。

热辐射这个普遍物理现象似乎同样具有让人灵光一现的启发性，我们可以借助它来检验高温物体的能量分布，以及光与物质的相互作用方式等想法。19世纪末，物理学家竭尽所能去预测在不同温度条件下高温物体发出的光的颜色，但遗憾的是，都以失败告终。

最后人们发现，要完整解释热辐射现象，就必须与既有的物理学彻底决裂。已有100多年历史，但物理学家至今仍争论不休的量子理论，在我们用来做早餐的加热元件发出的红光中找到了它的出发点。

因此我们可以说，所有与量子物理有关的怪诞现象，比如，波粒二象性、薛定谔的猫、"鬼魅般的超距作用"等，都可以追溯到厨房。

---

① 这个实验必须满足一个条件才能取得成功，即两个物体的密度必须大到可让空气阻力忽略不计的程度。如果你把一个回形针和一根羽毛扔下去，回形针会迅速落地，而羽毛则会慢慢地飘到地面上。不过，作用在它们身上的引力是一样的。在阿波罗15号执行登月任务期间，指挥官戴夫·斯科特（Dave Scott）戏剧性地证明，回形针和羽毛在真空环境中会同时下落到地面上。

光波与颜色

通常情况下，在解释一个激进的新理论的必要性时，最简单的方法就是从旧理论的失败说起。在理解量子模型如何解决热辐射问题之前，我们有必要先弄清楚为什么经典物理学不能担此重任。当然，我们还需要了解一些背景知识，看看经典物理学是如何解释光、热和物质的。

"光是波"的想法，是导致经典物理学崩溃的那些实验运用的第一个重要概念。光的波动性早在麦克斯韦方程出现前的半个世纪就为人所知，这在很大程度上要归功于英国博学家托马斯·杨（Thomas Young）在 1 800 年前后进行的实验。从牛顿时代起，物理学家就一直在争论光应该被视为粒子束还是通过某种介质传播的波，但托马斯·杨利用简单而巧妙的双缝实验，令人信服地证明了光的波动性。

顾名思义，双缝实验就是让光通过一个纸板上的两个狭窄切口。托马斯·杨发现，让光穿过两条相距较近的狭缝照射到另一边的屏幕上，其结果并不像我们预期的那样产生两个明亮的条纹。相反，它在屏幕上形成了一系列或亮或暗的点。①

这些斑点产生于一个被称为"干涉"的过程，当不同来源的两列波结合时，就会发生干涉。如果到达某个点的两列波"同相"，即一列波的波峰与另一列波的波峰在该点相遇，就会形成一列波峰更高的波。另一方面，如果两列波"异相"，即一列波的波峰与另一列波的波谷在某

---

① 如果你想亲眼看看这些光斑，你可以在一张铝箔纸上切出两条细缝，然后用激光笔发出的光照射这两条缝。你还可以观察另一个与之密切相关但更容易看到的现象：把一缕头发放在激光笔的光束中，从头发两侧经过的光波就会发生干涉，并形成多个光斑。

个点相遇，就会彼此抵消，其最终结果是波消失了。这对任何波源都适用，比如，游乐场造浪池中的复杂波浪就是据此制造的，"降噪"耳机则是基于声波的相消干涉发明的。

　　杨氏双缝实验之所以会产生干涉现象，是因为穿过每条狭缝的光波到达屏幕上特定点所花的时间不同。如果该点恰好位于双缝中间，那么两列波的传播距离相同，在该点同相，发生相长干涉并形成一个亮点。如果该点位于双缝中间略偏左的地方，那么从左缝出发的波的传播距离比从右缝出发的波短。因为传播距离略长，因此从右缝出发的波的振荡时间也略长，如果距离合适，右缝波的波峰就会与左缝波的波谷相互抵消，从而形成一个暗点。如果该点继续往左移，距离差就会进一步加大，可以完成一次额外的全波振荡，两列波的波峰重叠，产生另一个亮点。

　　这种模式多次重复，就会形成一组明暗相间的点。亮点之间的距离直接取决于波长，这为测量可见光的波长提供了一种简便的方法。用现代单位表示，可见光的波长范围大致为400纳米（紫光）到700纳米（深红光）。[①]狭缝越多，亮点就越窄，也越清晰。19世纪20年代，约瑟夫·冯·夫琅禾费（Joseph von Fraunhofer）根据光干涉原理，利用"衍射光栅"首次精确测量了太阳和其他恒星发出的光的波长。

　　杨氏双缝实验结果发表于1807年，在物理学界引起了一些反应，但许多科学家仍然不愿意放弃光的粒子说。在一次物理竞赛中，法国物理学家奥古斯汀–让·菲涅尔（Augustin-Jean Fresnel）提交的一篇关于波动说的论文，遭到了西莫恩·德尼·泊松（Siméon Denis Poisson）等人

①　1纳米 = 10^{-9} 米。

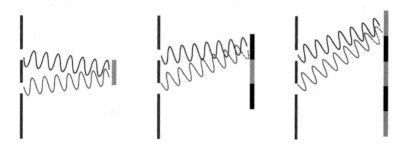

图 2-1　双缝实验中的光波干涉示意图。在双缝中间，两列波传播距离相同，结合后形成一个亮点。在略高于中间的位置，下缝发出的波传播距离较长，多进行一个半波振荡（虚线部分），因此它的波峰正好与另一列波的波谷相互抵消，形成一个暗点。继续往上移，下缝发出的波多进行一个全波振荡（虚线部分），于是两列波传播相位再次相同，又形成了一个亮点

的反对。泊松指出，如果用波的干涉现象来解释杨氏双缝实验，那么在圆形物体的阴影中心应该有一个亮斑。显然，"阴影中心的亮斑"看上去很荒谬，因此泊松拒绝接受光的波动模型。

　　竞赛的评委之一弗朗索瓦·阿拉戈（François Arago）对泊松的想法产生了兴趣。为了寻找阴影中心的亮斑，他精心设计了一个实验。观察这个亮斑需要格外小心，但阿拉戈最终完成了这项任务，证明了从圆形障碍物旁边经过的光线确实会发生干涉，并在阴影中心形成一个亮斑。有了"阿拉戈斑"（或"菲涅尔斑"）这个证据，大多数物理学家终于相信光的确是一种波。

　　阿拉戈的实验确保了波动模型的成功，但光到底是什么波呢？直到19世纪60年代，这个谜底才被揭开，麦克斯韦方程解释说光是电磁波。在19世纪的最后几十年里，波动说的地位被牢固地树立起来，物理学家试图用电磁波来解释光和物质之间的所有相互作用。

　　在研究波的时候，我们可以轻易地测量波的两种属性：波长和频

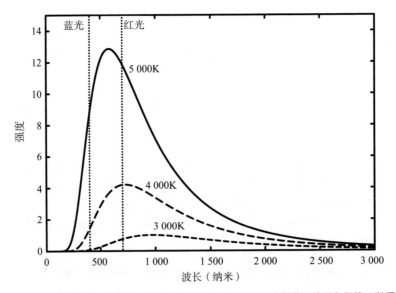

图 2-2　几种不同温度条件下的热辐射光谱。从表示可见光谱范围的两条竖线可以看出，随着温度升高，峰值从红外光向可见光移动

率。在一列波中，相邻两个波峰之间的距离就是波长，频率则是两个相邻波峰先后经过某个观察点所花的时间。因为光以固定的速度传播，所以频率和波长密切相关。每进行一个全波振荡，波就前进一个波长的距离。在相同的时间里，波长越短，振荡的次数就越多，频率也越高。为方便起见，物理学家们在讨论光时，可以根据手头具体问题的情况，在频率和波长之间来回切换——在本章的余下部分，我们也将多次进行这种转换。

　　要确定高温物体发出的光的"颜色"，就需要测量它的光谱：在一个较大的频率范围内，测量每种频率的光的强度。当测量特定温度条件下的光谱时，你会发现它的分布呈现出一种简单而特别的形状：低频率区域的光强度较弱，之后逐渐上升到波峰，然后在高频率区域迅速下降。光的"颜色"是由波峰（光的强度最大时的确切频率）的位置决定的，并直接取决于温度。随着温度升高，光的强度达到最大值时频率也会加快：在室温条件下，波峰在光谱的远红外区域；在温度升至"红热"时，波峰移至可见光谱的红端；随着温度进一步升高，波峰朝着可见光谱的蓝端移动。"白热"物体的光谱峰值位于绿光对应的区域，[①]但它在整个可见光谱范围内都会发出大量的光，因此它看起来是白色的。温度（采用以绝对零度为下限值的开尔文温标）升高一倍，波峰的频率也会加快一倍。

太阳光谱与高温物体（温度约为 5 600 开氏度）通用光谱非常相似，波峰的频率约为 600 太赫兹（THz）[②]。事实上，我们就是用这个方法测量太阳和其他恒星的温度。宇宙微波背景辐射——宇宙大爆炸后不久遗留下来的热辐射——是另一种极端温度，它的光谱对应的温度为 2.7 开氏度，波峰的频率约为 290 吉赫兹（GHz）[③]。

热与能量

整个 19 世纪，在电磁学理论和光的波动模型发展的同时，热力学也取得了很大的进展。19 世纪伊始，物理学家就因为光的波动说与粒子说

---

① 将光的波长或频率与人类可感知的颜色联系起来，是一件棘手的事情，如果要研究的光有多种频率，难度就更大了。小学生学习的色彩叠加就是一个典型的例子。红光（波长约为 650 纳米）与蓝光（波长约为 490 纳米）混合后，给人的眼睛和大脑的感受等同于紫光（波长约为 405 纳米），尽管这里并没有紫光。

② 太赫兹是波动频率单位之一，1 太赫兹 = 10^{12} 赫兹，通常用于表示电磁波频率。——译者注

③ 1 吉赫兹 = 10^9 赫兹。——译者注

而争论不休；19世纪早期，两个热力学模型同样引发了争论。其中一个学派认为，热本身就是一种实实在在的物质，是从一个物体流向另一个物体的"热质"（caloric）。"热质说"的竞争模型是"分子运动论"，后者认为热是由宏观物质的微观组分的随机运动产生的。

在长达几十年的时间里，本杰明·汤普森（Benjamin Thompson）和詹姆斯·焦耳（James Joule）通过实验证明，机械功和热产生之间的联系很难用热质说来解释。汤普森指出，加农炮镗孔时产生的摩擦力似乎是一个永不枯竭的热源，如果"热质"真是一种流体，就不可能出现这种情况。焦耳测算出通过搅动使一定量的水的温度升高一度需要做多少功，也就是说，他确定了"热功当量"的精确值，从而进一步证实了机械功与热量之间的这种关系。

在理论研究方面，鲁道夫·克劳修斯（Rudolf Clausius）和詹姆斯·克拉克·麦克斯韦建立的数学模型，将热在物体之间的流动与构成物体的原子及分子的动能联系起来。奥地利物理学家路德维希·玻尔兹曼（Ludwig Boltzmann）在麦克斯韦工作的基础上，完成了我们今天使用的统计热力学模型的大部分内容。

气体或固体中的单个原子和分子以不同的速度做不规则运动，但鉴于它们数量庞大，我们可以用统计方法精确地预测出，在特定温度的物质中找到具有一定动能的原子的概率。（这个公式被命名为"麦克斯韦-玻尔兹曼分布"，以纪念他们的开创性研究。）这个动力学模型的关键元素是"均分"概念，它由麦克斯韦提出并经玻尔兹曼改进，它认为能量在粒子的所有运动类型中都是均匀分配的。单原子气体的全部动能等于所有原子线性运动的动能，而简单分子气体的动能则均匀分布在分子的线性运动、分子内部原子的振动，以及每个分子围绕质心的旋转运动中。分子运动论和这种统计方法成功地解释了许多材料的热性质，[①]因此到19世纪末热质说就退出了历史舞台。

既然发光需要热能，而且光在传热方面起着重要作用（出于这个原因，厨师用箔纸包住食材，以阻挡光线，防止食物被烤糊），那么物理学家着手研究电磁波和热能之间的联系也就顺理成章了。这项研究需要经验数据，所以在19世纪晚期，德国光谱学家进行了一些实验，对高温物体在不同温度条件下辐射的不同波长的光进行了光谱测量。实验结果的质量很高，但热力学的分子运动模型仍然很难解释这些结果。

19世纪90年代，德国的威廉·维恩（Wilhelm Wien）和英国的瑞利勋爵（Lord Rayleigh）分别提出了一个模型，对特定温度和特定波长的辐射通量进行了经验预测，也就是说，他们希望根据一般原理和在某个波长范围内得到的实验数据，用他们提出的公式推导出其他波长范围的辐射通量。维恩的预测与高频率条件下的数据吻合，但却与低频率条件下的数据不符；而瑞利的预测仅在低频率条件下有效。1900年，马克斯·普朗克找到了一个可以将两者结合起来的数学函数，终于使预测结果与观测数据取得一致。普朗克是在一次聚会后推导出这个函数的。在这次普朗克以主人身份邀约和举办的聚会上，光谱学家海因里希·鲁本斯（Heinrich Rubens）把瑞利的预测和最新的实验结果告诉了他。客人离开后，普朗克走进书房，过了些许时间他找到了正确的公式，并于当晚把它写在一张明信片上寄给了鲁本斯。不过，尽管普朗克公式是经验主义取得的一个伟大成功，但没人能解释它为什么有效，至少用当时公

---

① 至少在高温条件下是可以的；但在非常低的温度条件下，麦克斯韦–玻尔兹曼分子运动论不适用于某些硬度非常大的材料。这些异常现象再一次表明有必要建立新的物理学，而且，它将在20世纪早期量子力学的崛起中发挥作用。

认的物理学基本原理是无法做到的。

紫外灾难

那么，基于这些原理的模型应该是什么样子？英国物理学家瑞利勋爵和詹姆斯·金斯（James Jeans）采用的方法（事实上，这个方法比成功的普朗克量子模型略晚），清楚地展现出一般模型的特点。瑞利-金斯模型虽然失败了，但在某种程度上让失败的根源显露出来，最终的解决方案也可以用相同的基本原理来解释。

瑞利-金斯模型在解决热辐射问题时依据的是一个非常简单的思想，就是麦克斯韦和玻尔兹曼用来描述气体的热性质的均分概念：先测算热能的值，然后按照光的不同频率平均分配。不过，"平均分配"要求光的可能频率是一个可数集，这意味着物理学家需要借助简化的理论模型来划分连续的光谱。

让光的频率变得可数的方法，是直接依据我们观察到的辐射的普遍性得到的。记住，高温物体的光谱与该物体的材料属性没有任何关系。理论模型需要反映出这个特点，它还引导物理学家开始思考理想化的"黑体"（black body）发出的光。黑体能吸收照射到它身上的所有光，而且不会产生任何反射。[①]这并不意味着黑体是不发光的黑暗物体（如果是这样，那么它会迅速升温并瓦解），只不过跟加热元件发光一样，黑体发出的光与它吸收的光也没有任何关系。

---

① 奈吉尔·塔夫内尔（Nigel Tufnel）在电影《摇滚万万岁》（*This Is Spinal Tap*）中说的那句不朽的台词，"还能再黑一点儿吗？答案是：不能。已经黑得不能再黑了"，用它来形容黑体再恰当不过了。

　　事实证明，要在实验室里制造出这样一个黑体，有一种切实可行的好方法。在一个盒子上钻一个小孔，只要这个小孔相较盒子的尺寸足够小，任何进入的光线就极不可能立即返回，相反，它会在盒子里反弹多次才能逃逸（前提是它没有被盒子吸收）。这近似于黑体的"黑"：照射到它上面的光，无论频率是多少，都会被吸收，而且不会发生反射。进行热辐射测量的物理学家[①]正是利用这种技术，制造出他们实验所需的黑体。

　　这个有小孔的盒子模型对理论物理学家来说也是一大福利，因为盒子里的波只有有限的几种频率。频率与盒壁契合的波可长时间存在，而频率"错误"的波则会相互干涉并彻底消失。因此，从小孔中逸出的光只能反映存在于盒子内部的有限频率集，而与盒子外的一切无关。[②]

　　在想出确定允许频率的有限集的方法后，物理学家看到了希望：只要计算出盒子内的允许频率，再将有效能分配给这些频率，由此得到的光谱就会与实验观察结果及普朗克公式描述的情况类似。不幸的是，这种简单直接的方法失败了。动手计算一下允许频率，我们就可以看到问题出在哪里。

　　盒内允许频率被称为"驻波模"，是由盒子的大小和不允许任何波逃逸的限制条件（只要盒子上的孔足够小，即使有一小部分光逃逸，也可以忽略不计）决定的。为了说明这些驻波模的起源和特征，我们可以

---

① 其中最著名的是德国实验物理学家奥托·卢默尔（Otto Lummer）和费迪南德·库尔班（Ferdinand Kurlbaum）。

② 这似乎是特定"盒子"的特有属性。但是，只要盒子的尺寸相较其内部的波长足够大，我们就可以利用一些成熟的数学方法消除其影响，得出与盒子尺寸无关的答案。

做进一步的简化，假设这是一个一维的"盒子"：波只能左右传播，而不能在其他方向上传播。用我们熟悉的日常事物打个比方，这个盒子就像乐器的弦。

演奏者拨弄琴弦让吉他发声，一小段琴弦因偏离位置而产生扰动，并以波的形式向外传播，使弦上下振动。琴弦的两端是固定的，所以当朝着琴颈传播的波到达将琴弦按压在品（fret）上的手指时，就会反弹回去，并朝着远离琴颈的方向传播。很快，它会与在同一根琴弦上反向传播的波相遇。这时，就像著名的杨氏双缝实验中的光一样，这两列波也会相互干涉。

把所有这些来回反弹的波加在一起，你会发现对大多数波长的波而言，最终结果是完全相消干涉。每当一列波试图让琴弦的振动达到波峰，就会有另一列波把它推向波谷，两者互相抵消。但是，一些特殊波长的波会发生相长干涉：所有反射波在相同的位置达到波峰。这些波长使沿着琴弦传播的波呈现出稳定的模式，琴弦的某些部分稍稍偏离位置，其余部分则保持不变。

这些模式中最简单的是"基谐模式"，即琴弦的两个固定端之间只有一个振荡凸起。我们通常把它画成向上隆起的形状，但实际上它会随时间发生变化：琴弦的中间一小段隆起，然后回归平滑，之后向下形成负峰，又回归平滑，再一次达到波峰，如此循环往复。完成一次振荡所需的时间取决于与当前驻波模的波长相对应的频率。

波长是指从初始状态上升至波峰，然后下降到波谷，再回到初始状态的距离。一次向上然后回到起始状态的运动是一个半波，因此与基谐模式对应的波长是弦长的两倍。在第二简单的驻波模式下，琴弦的两个固定端之间包含一个全波，先向上（向下）再向下（向上），琴弦中间有一个固定的"波节"（node），在这个位置上琴弦保持不动，所以这个"谐波"的波长正好等于琴弦的长度。第三种谐波包含一个全波和一个半波（即三个振荡凸起和两个波节），波长是弦长的 2/3。接下来的谐波包含两个全波，波长为弦长的一半，以此类推。

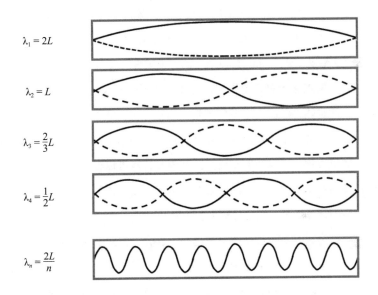

图2-3 一维"盒子"中的几种驻波模式（其中，盒子的长度为 L，波长为 λ）

如果我们仔细观察这些允许模式，就会发现一个简单的规律：在每一个允许驻波模下，弦长正好是半波长的整数倍。对于这些允许模式构成的离散集，我们可以给每个模式分配一个数字——振荡凸起的数量。

我们听到的吉他演奏声与我们从黑体模型中看到的光谱非常相似。刚开始拨动琴弦会激发大量频率不等的波，就好比射入黑体盒子的光。但是，琴弦两端或盒壁反射的大量波，它们之间会发生相消干涉，在极短的时间内消除大部分波长，而只留下那些与驻波模式对应的波长。

就吉他琴弦而言，波的大部分能量分布都遵循基谐模式。由此可见，我们能听到什么声音，主要取决于基谐模式。谐波的频率越高，分得的能量越少，但高频谐波仍然存在。乐器发出的声音之所以比计算机生成的单一音调更丰富，原因就在于高频谐波。吉他手通过使用调弦和效果器，可以弹奏出明显不同的音调，其原理就是放大或减弱某些谐波，形成不同的混音，人们据此分辨出杰里·加西亚（Jerry Garcia）和吉米·亨德里克斯（Jimi Hendrix）的吉他演奏。

对于黑体盒子中的光波，决定其能量分布的不是某个演奏者的审美品位，而是热力学的一个简单规则：均分。在三维环境中识别光的驻波模比在一维环境中识别声音要复杂一点儿，但结果是相同的：驻波模式的可数离散集。一旦我们知道了这些模式，就可以根据均分定理，将构成盒壁的粒子（记住，它们代表的是构成高温物体的粒子）因为热运动而产生的全部能量，平均分配给各个模式。①

问题是，随着波长变得越来越短，各允许模式对应的波长也会变得越来越接近。统计一下给定波长范围内的模式数量你会发现，波长越短（记住，短波长对应高频率），模式的数量越多，并且可以无限增加。假设一根琴弦长 0.5 米，基波长 1 米，那么在 0.095~0.1 米这个区间长度为 5 毫米的波长范围内，有两种允许模式。也就是说，有两种波长可以满足琴弦长度是半波长的整数倍这个条件。在 0.015~0.02 米这个区间长度为 5 毫米的波长范围内，有 34 种模式满足条件。而在 0.005~0.01 米的波长范围内，则有 200 多种模式满足条件。

---

① 必须承认，这些模式的数量是无限的。但物理学家发明微积分，恰恰是为了解决这些无穷问题的。

就光谱而言，实验发现中波区域可以形成简单规整的波峰，但黑体
模型没有再现这个结果。相反，它认为任何物体无论温度多高，都应该
会发出无数的短波（高频）辐射。你肯定不希望你的烤面包机出现这种
情况。

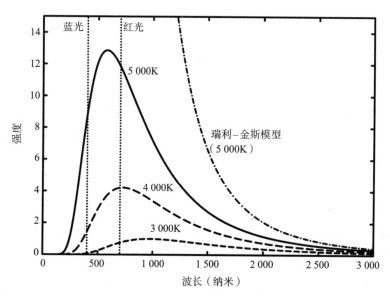

图 2-4　不同温度下的热辐射光谱，以及瑞利-金斯模型的预测结果，即"紫外灾难"

这个直接计数模式数量的方法惨遭失败，人们称之为"紫外灾
难"。[①]要解释真实黑体光谱中的波峰，即普朗克公式成功描述的那个，
我们对能量分布方式的理解就需要发生根本性变化。

---

① 紫外灾难（ultraviolet catastrophe）是保罗·埃伦费斯特（Paul Ehrenfest）在 1911
年创造的一个词，用于指代 1905 年的瑞利-金斯模型。后来，有一支乐队选择用
这个词为自己命名。

量子假设

马克斯·普朗克最终找到了解释辐射光谱成因的方法，巧合的是，精确描述辐射光谱形状的数学函数也是他找到的。就上述模型而言，普朗克将光的驻波模式与材料内部的"振子"（oscillator）联系起来，每个振子只辐射单一频率的光。然后，他给每个振子分配一个特征能量（characterisic energy），其数量等于振子的频率与一个小常量的乘积。他还规定，振子的辐射通量必须是其特征能量的整数倍。普朗克把这个特征能量称作"量子"（quantum），在拉丁语中它的意思是"多少"。也就是说，振子的能量可以是1个量子、2个量子、3个量子，但绝不可能是0.5个量子或π个量子。

"量子假设"有效地减少了高频光的数量，而紫外灾难就是在高频区域发生的。由于分配给每个振子的热能都相等，因此低频振子分到的能量是其特征能量的许多倍，也就是说，每个低频振子都会辐射出很多光量子。随着频率的增加，单一振子的辐射通量会减少，因为每个振子分到的热能之于其特征能量的倍数在减小。当频率足够高以至于特征能量大于振子分到的能量时，振子就不再发光了。

波长较长时，可能存在的驻波非常少，所以低频区域的振子数量较少，但每个振子都会辐射出许多"量子"的光。高频区域有许多振子（因为在波长较短时，允许存在的驻波模较多），但每个振子只会发出很少的光或者根本不发光。振子数量与辐射通量的此消彼长，正好形成了黑体辐射的可观测的光谱峰值：在波长较长的区域，振子数量的增加速度比每个振子辐射通量的减少速度快，因此总的辐射通量不断增加直至峰值，之后逐渐减少直到零。该假设也可以解释光谱峰值的漂移：随着温度升高，热能增加，分配给各驻波模式的能量也相应增加，进而推高频率峰值。而一旦进入高频区域，量子假设就会减少辐射通量。

　　普朗克在提出量子假设之初，认为它是一个"情急之下铤而走险的数学方法"。事实上，它是微积分常用的一种簿记法。数学家、物理学家在解决问题时，常把一个平滑、连续的现象分割成离散的步骤，然后用精巧的数学方法使这些"步骤"变得无穷小，以恢复原来的平滑性。普朗克知道，赋予每个振子随频率增加的特征能量，最终就会得到他需要的光谱；他还认为可以用微积分将常量与频率的乘积减至零，从而恢复平滑性，消除量子能量的不连续性。但后来，他发现这个常量必须取一个非常小但绝对不为零的值。后来，人们为了纪念他而把这个常量称为"普朗克常量"，并用符号 h 来表示它。它的值确实非常小，仅为 6.626×10^{-34} 焦耳·秒。有了量子假设（即能量以不可约的离散"光子束"形式存在）和值非常小但不等于零的 h 之后，再将能量分配给所有可能的频率，就可以得到普朗克发现的那个描述黑体光谱的公式。

　　普朗克公式取得了巨大的成功，并已成为物理学众多领域的宝贵工具。天文学家只需测量出遥远恒星和气体云的光谱，就可以利用普朗克公式确定它们的温度。典型恒星（包括太阳）的光谱与黑体光谱非常相似，只要将我们看到的光与普朗克公式的预测结果进行比较，就可以推断出许多光年之外的恒星的表面温度。

　　在已被测量的黑体光谱中，最完美的可能就是前文中提到的"宇宙微波背景辐射"，它是位于光谱射频区域的弱辐射场，弥漫整个宇宙。宇宙微波背景辐射是大爆炸宇宙学最有力的证据之一。我们今天看到的微波背景辐射大约是在大爆炸的30万年后产生的，当时的宇宙温度仍然非常高，密度也非常大，但已经冷却到允许光子逃逸的程度。在随后的几十亿年间，宇宙不断膨胀和冷却，因此，温度曾经高达几千开氏度的高能可见光光子，其波长已被拉伸至微波的波长了。多次的测量表明，它的光谱与温度约为2.7开氏度的黑体达到了惊人的匹配程度。事实上，天空不同位置的背景辐射温度之间存在微小的差异（仅为百万分之一开氏度），这为我们了解极早期宇宙的情况及星系、恒星和行星的起源，提供了最佳信息。

在更接地气的层面上，普朗克公式告诉我们在日常生活中如何谈论光和热的问题。摄影师和设计师经常讨论各种光的"色温"，色温是指与被探讨的光的可见光谱匹配度最高的黑体的温度值，它的单位是开氏度。[①]运用不同的技术，可以产生不同颜色的光，与不同温度条件下黑体发射的光的颜色类似，因此我们可以在自己最喜欢的家居用品商店买到不同风格的灯泡，比如"柔光灯泡""自然光灯泡"，等等。

就早餐而言，黑体辐射可用于确定高温物体的温度。如果你的厨房里有红外温度计，把它指向锅，就可以知道锅是否足够热，此时你正在运用普朗克公式。无论红外温度计指向什么，它的传感器都可以检测到该物体发出的不可见红外辐射通量，并据此推断能辐射出这么多红外线的黑体温度。

尽管这个公式多次取得成功，也为普朗克带来了个人声誉，但他从未对他的量子理论感到特别满意。他认为量子假设不过是临时的丑陋把戏，并希望有人能找到一种方法，从基本物理原理中找出光谱公式，而无须借助量子假设。尽管如此，量子假设被提出后，其他物理学家（尤其是瑞士专利局的某位工作人员）马上就采纳了它，并付诸应用。从此，整个物理学发生了天翻地覆的变化。

---

① 人类的知觉导致描述颜色和温度的词语混淆不清。传统上，淡红色的光被称为"暖光"，尽管它对应的是一个较低的温度源，而蓝色光则被称为"冷光"。

第 3 章

数码照片：

赫兹的偶然发现和爱因斯坦的启发性观点

我的社交媒体上充斥着大同小异的内容：欧洲和非洲的早间新闻，亚洲国家和澳大利亚的晚间报道，世界各地的朋友贴出来的孩子和猫的**数码照片**……

作为一名经常写作科学领域的历史性发现的作者，我常常觉得疑惑不解，为什么过去的那些著名科学家留存于世的照片那么少呢？不仅如此，这些照片往往呈现的也是科学家成名之后的样子，这在一定程度上扭曲了我们对科学家的感知。从照片上看，爱因斯坦在革新物理学时是一位衣冠楚楚的年轻人，这与他后来拍摄的不修边幅、满头蓬乱白发的形象相去甚远。当然，照片的稀缺性因版权问题而加剧，但即便是专业档案馆往往也只有几十张20世纪伟大物理学家的照片。

对现代人来说，照片数量如此之少实在令人震惊。近几十年来，数码摄影已经无处不在，拍摄出来的照片数量呈爆炸式增长。我一直对摄影感兴趣，但购买和冲洗胶卷的费用成为我的一块"绊脚石"，因此在2004年之前，我只拍了几百张照片。2004年我买了一台数码相机，至今已拍摄了几万张数码照片，而且都存储在我的电脑硬盘中。我的两个孩子（在本书英文版出版时，一个10岁，另一个7岁）的照片，可能比我父母一生的照片还要多。这还只是我用相机拍摄的照片，并不包括我用手机拍摄的快照。

数码摄影令人难以置信的便利性（尤其得益于手机相机的普及），对日常生活产生了革命性影响。如今，一些资产多达几十亿美元公司的唯一业务就是处理、存储和分享用户拍摄的照片，围绕这项技术产生了"自拍"等全新的文化现象。相机的唾手可得改变了公众和各种权威人士之间的互动方式。在胶卷时代，发生争执的双方往往各执一词，现在这一切似乎都能被手机视频记录下来。这一变化给社会带来的影响正在逐渐凸显出来。

数码相机从价格不菲的稀缺商品变成日常生活的重要组成部分，其转变速度之快令人印象深刻，但它们背后的科学原理仍未得到重视。用手机拍摄你的孩子、猫或早餐的照片并发布到推特上，这些都离不开传感器，传感器的工作原理从根本上说是基于量子力学理论中光的粒子性。但讽刺的是，对这项技术来说不可或缺的物理学发现只是人们验证光的波动性所做实验的一个副产品。

赫兹的实验

上一章说过，托马斯·杨和弗朗索瓦·阿拉戈在19世纪早期做的实验——证明光波在绕过障碍物时会表现出干涉效应——最终表明光具有与波类似的行为。19世纪中叶，麦克斯韦方程组通过预测电磁波的存在及其以光速传播，回答了"什么在波动？"的问题。

认为"光是电磁波"的理论，暗示了我们可以利用电流产生这样的波。19世纪80年代末，年轻的德国物理学家海因里希·赫兹（Heinrich Hertz）决定直接通过实验验证麦克斯韦方程组。为此，他设计了一个非常巧妙的装置：他利用被空气隔开、彼此相距几毫米的两对金属球，制造出两个"火花间隙"。然后，他将其中一个火花间隙通过天线连接到一个电池系统上，该电池系统在金属球之间施加振荡电压。当电场击穿金属球之间的空气时，电流就会以振荡电压决定的频率流动（赫兹可根据他的需要选择该数值），从而在间隙中产生明亮的火花。根据麦克斯韦方程组，当电子在间隙中来回运动时，就会产生从间隙向外传播，并以相同频率振荡的电磁波。

另一个火花间隙——与第一个火花间隙相隔一段距离的线圈两端的金属球——充当检波器。电磁波从产生火花的那个间隙出发，到达充当检波器的火花间隙后，就会产生一个较小的感应电压和一个小得多的火花。检波器上两个金属球之间的距离是可调的，通过调整可以使到达波产生的火花正好跨越间隙。到达波越强，在检波器上感应出的电压就越高，火花能跨越的距离也越大。利用这个检波器，赫兹测算出电磁波的强度，而且该结果与麦克斯韦的预测完全一致——无论是离开检波器的行波，还是在演讲厅的远端通过反射金属薄板的初始波形成的驻波。赫兹的仪器产生的波的频率比可见光低得多，但他证明了它们的传播速度相同，从而证实了光是一种电磁现象。

当被问及这个实验的意义时，赫兹的愉悦回应展示了一位伟大物理学家的商业头脑，"它毫无用处。我只是用它来证明麦克斯韦是正确的——这些神秘的电磁波真的存在，虽然我们无法用肉眼看到，但它们就在那里。"然而，几年之后，赫兹的火花间隙实验原理就被用于

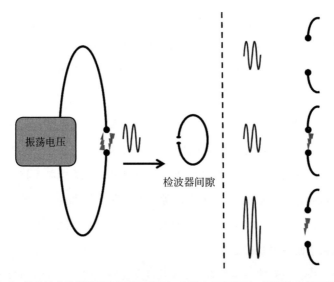

图 3-1　赫兹的火花间隙设备原理示意图。振荡电压很高时，引起的火花可以跨越线圈的间隙，并产生频率相同的电磁波。如果检波器的间隙较小或者电磁波足够强，就会产生感应电压，并形成火花。火花可以跨越的最大间隙就是电磁波振幅的量度

产生"无线电报"的无线电波，并最终带来了无线电广播、电视和手机。

　　赫兹的实验需要加倍的谨慎和精确，还需要对许多可能的混淆因素加以研究。赫兹在研究过程中发现，在给定配置的情况下，如果波源与检波器之间存在直视线，检波器的间隙就可以大一点儿。如果不让初始火花发出的光照到检波器上，火花可以飞越的检波器间隙就会减小。赫兹由此发现了所谓的"光电效应"：紫外光照射在金属表面上，会在金属中产生电荷，该电荷使得微弱的入射波更容易在检波器的金属球之间产生火花。

　　在赫兹眼中，光电效应的发现几乎毫无意义，它充其量就是一个系

统怪象，在证明光的波动性时需要做出解释。但他不知道的是，^①这个小意外发现将在几十年后成为证明光的粒子性的一个必不可少的证据。

一名专利审查员的启发性观点

赫兹偶然发现的光电效应引起了当时许多著名物理学家的关注，他们开始用紫外光照射各种材料并研究其引发的变化。根据光发射的粒子对电场和磁场做出的响应，他们断定这些带电粒子是电子，而在此之前，英国物理学家约瑟夫·约翰·汤姆森（Joseph John Thomson，他因为发现电子而荣获1906年的诺贝尔奖）刚刚确认这种亚原子粒子带有负电荷。

了解到光电效应会释放电子，电子又是原子的组成部分，并结合光的波动模型，物理学家为这个过程建立了一个吸引人的简单模型。根据这个模型，电子被束缚在原子内部，并在入射电磁波的作用下来回振荡。在振荡的过程中，能量以物理学家预期的方式被传递给电子，其大小取决于光的强度。强度越大，电子位移就越大，因此，高强度光有足够多的能量帮助电子迅速摆脱束缚。而且，只要持续振荡，电子吸收的能量就会不断增加，即使是低强度的光最终也有可能通过振荡使少数电子获得自由。

光的频率是另一个可能会影响电子释放的实验因素，但电子属性对频率的依赖程度不太明显。经典的光波理论认为，波携带的能量取决于波的振幅，而不是它的频率，因此研究频率依赖性的复杂程度会大于研

---

① 在完成这些开创性电磁辐射实验的大约5年后，年仅36岁的赫兹因病去世，这对物理学来说是一个沉痛的损失。

究强度依赖性。当电子以与特定原子相关的某个特征频率发生振荡时，可能会产生共振效应，从而提高储存能量的效率。同样地，一旦达到某个适当的速率，轻微摆动的钟摆也可以产生剧烈的振荡。较低的频率可能会导致电子释放的时间延迟，因为电子在被释放之前必须花时间来回摆动几次。但可见光的频率如此之高，以至于我们根本不可能测量出这种延迟。

物理学家根据他们青睐的这个简单模型，对被释放电子的行为做出了下面4个可通过实验验证的基本预测：

第一，被释放电子的数量应该随着强度的增加而增加。电子在个体原子内振荡得越强烈，逃逸出来的电子就越多。

第二，从物质中逃逸出来的电子携带的能量应该随着强度的增加而增加。电子振荡得越强烈，逃逸的速度就越快。

第三，电子的释放应该有一定的时间延迟，特别是在低强度和低频率的情况下。如果光线较暗，振荡速度较慢，那么需要花一定的时间才能积累足够的能量去释放电子。

第四，如果被释放电子的数量和能量对光的频率存在依赖性，它们就会表现出某种共振行为。

这个简单模型结合了当时物理学界对光和电子的所有认识，因此对物理学家极具吸引力。但不幸的是，它也是一次惨败。

尤其是，德国物理学家菲利普·莱纳德（Philipp Lenard，他曾与赫兹合作过一段时间）精心开展的实验，并没有发现光的强度与电子的能量之间存在人们预期的那种关系。较亮的光线的确会增加被释放电子的数量（用光照射真空管中的两块金属板中的一块，并测量两块金属板之间的电流大小），这与预期结果一致。但是，无论用多强的光照射金属板，被释放电子携带的能量都不变（通过测量真空管中的电流与电压）。

更令人迷惑不解的是，莱纳德的实验还发现被释放电子的能量与光的频率之间存在一种极其简单的关系。莱纳德在实验中测试了多种材料，并发现电子的能量随频率的增加而呈现明显的线性增长。这个结果完全出乎人们的意料，也极其神秘。

就像热辐射一样，莱纳德发现的这个简单与普遍的行为似乎也是一种简单的物理机制，但没人能构建出一个令人信服的相关模型。莱纳德本人认为，电子的能量是由原子内部的电子运动决定的，光的唯一作用就是触发电子的释放，但经过多年的研究，他发现这个理论是站不住脚的，最终不得不放弃它。

最终得到承认的光电效应模型，是由当时名不见经传的瑞士专利审查员阿尔伯特·爱因斯坦于 1905 年首次提出的。在一篇被相当谨慎地命名为《关于光的产生和转化的一个启发性观点》的论文中，爱因斯坦建议采纳马克斯·普朗克的量子假说，即材料中每个发光的"振子"都与某个特征能量相关，特征能量的大小取决于振子发出的光的频率，并被用于发光。这个"启发性观点"认为，光束不是波，而是粒子流（现在被称为"光子"，但这个术语直到多年以后才被创造出来；爱因斯坦更偏爱"光量子"这个名称），其中每个粒子都带有一个量子的能量，即普朗克常数乘以光的频率。如果单个光子的能量超过被照射材料的特征能量，即所谓的"逸出功"，每个光子就可以帮助一个电子摆脱束缚，电子会带走光子的剩余能量。

这个光的粒子模型完全违背了众所周知的物理学，但它出色地解释了光电效应的可观测特征。更强的光束包含更多的光子，因此可以释放出更多的电子。但是，电子携带的能量并不取决于光的强度，因为只需要一个光子就可以帮助一个电子摆脱束缚。电子的能量随频率的增加而增加，这直接反映了单个光子的能量增加符合认为能量与频率有关的普朗克定律；如果光子的能量大于逸出功，电子就会带走多余的部分，其数量随频率的增加而增加。

爱因斯坦的光子模型简单优雅，但与只适用于波而不适用于粒子的麦克斯韦方程组完全不兼容，因此它在一开始时非常不受欢迎。普朗克在提名爱因斯坦担任普鲁士科学院院士的推荐信中写道："尽管他的猜测有时也会偏离目标，例如他的光量子假说，但我们不能因此就对他过于苛求。即使在最精确的科学领域，要想提出全新的想法，也不可能不冒一点儿风险。"

尽管爱因斯坦的启发性模型不受欢迎，但它对光电效应的实验结果做出了十分清晰明确的预测，最终引起了一定的关注。不过，直到罗伯特·密立根（Robert Millikan，当时最出色的实验物理学家之一）谈到这个问题，情况才真正有所改观。密立根的实验对金属表面的污染以及因不同金属间的接触而造成的小的电压偏移非常敏感，但密立根及其团队[①]发现并解决了所有这些问题。1916年，密立根的实验极其令人信服地证实了爱因斯坦模型，还给出了一个普朗克常数的测量值——这个值

---

① 按照当时的常见做法，密立根是该实验的相关论文的唯一署名作者。但是，密立根在致谢中清楚地提及还有一些人也做出了贡献（比如，他的实验得到了 A. E. 亨宁斯和 W. H. 卡迪施的帮助，并感谢沃尔特·惠特尼通过光谱测量的方法帮他确定了光的波长）。按照现在的标准，这些人也应该是署名作者。此外，他还对"机械师朱利叶斯·皮尔森先生"表示了诚挚的感谢，因为皮尔森帮助他设计和制造了实验用的真空玻璃管。

与之前的值一致，精度却大大提高了。

不过，这并不意味着密立根是光子模型的拥趸。事实上，他关于这一主题的第一篇论文的引言，堪称被动攻击性科学写作风格的代表作：

> 针对在紫外光的影响下逸出电子的最大能量，爱因斯坦建立了光电效应方程……依我的判断，目前还看不出它是建立在任何令人满意的理论基础之上。它的证据都是纯经验性的……
>
> 近年来，我从不同的角度对这个方程进行了一些深挖细究的实验检验，得出的结论是，不管它是怎样产生的，事实上它都非常准确地体现了……我使用过的所有物质……的行为。

密立根选择保留他的个人意见，并勉强承认爱因斯坦模型的准确性，这是当时的一种极具代表性的观点。光子模型过于激进，以至于令人难以接受，但它的突出效果又让人难以把它抛在一边。随着时间的推移，越来越多的人接受了光的粒子说，但寻找替代性解释的相关努力一直持续到20世纪20年代中期。从严格的技术意义上说，直到1977年，^①人们才找到了关于光子存在的不容置疑的实验证据，但实际上，光的粒子性早在1930年前后就被公认为量子物理学的一部分。

爱因斯坦和密立根因为光电效应而成名。虽然相对论是爱因斯坦取

---

① 20世纪60年代，伦纳德·曼德尔（Leonard Mandel）及其同事提出了一个"半经典"的光电效应模型，即用量子力学的方法研究金属表面，但同时又把光视为一种经典波。1977年，杰夫·金布尔（Jeff Kimble）、马里奥·达格奈斯（Mario Dagenais）和曼德尔开展的一项实验证明，单个原子在连续释放光子的过程中存在明显的延迟，这种效应只能用粒子模型解释。

得的最著名的成就，但光电效应是 1921 年他获得诺贝尔物理学奖的颁奖词中唯一提及的具体成果。[①]密立根在 1923 年获得诺贝尔奖时，颁奖词中不仅提到了光电效应，还提到了他早前进行的测量电子电荷的实验。正如我们将会看到的那样，关于光的这种新认知为现代生活中不可或缺的许多核心技术铺平了道路。

光电技术

光的波粒二象性将看似相互矛盾的属性集于一体，是量子物理学怪诞性的一个典型案例。光电效应本身清楚地显示了光兼具这两种属性，它将粒子性（单个光子的能量含量）与波动性（光的频率）联系在一起，有可能引发某种疑惑：粒子具有频率，究竟意味着什么？时至今日，物理学家仍在争论用什么语言描述光的本质和如何教授相关的核心概念，才是最好的。

就其本身而言，光子看似一个非常奇怪的概念，可能并不适用于日常生活。事实上，任何将光转换成电子信号的技术都离不开它。

不可否认，与光电物理学关系最明显的光电倍增管有点儿神秘。这种装置是由一组金属薄板构成的，它们之间存在高电压（通常为几百到 1 000 伏特）。光照射到第一块金属薄板上，通过光电效应，释放出一个电子。在高电压的作用下，这个电子加速运动并与第二块金属薄板发生撞击，释放出若干（10~20 个）电子。[②]接着，这些电子又加速朝着下一

---

① 这是乏味琐碎的学术政治导致的结果。

② 作为一种有质量和电荷的物质粒子，电子通过与材料表面发生碰撞，向材料输送能量的效率高于无质量的光子。

块金属薄板运动，以此类推。当最终到达光电倍增管末端时，一个光子就可以触发几百万个电子，从而产生易于探测的微小电流脉冲。光电倍增管极其敏感，甚至能探测到单个光子，许多研究光的量子性质的实验都是以它为核心设计的。现在，虽然一些老式的"电眼"系统仍在使用光电倍增管，但通常我们只能在物理实验室中看到它们。

不过，光电倍增管依据的物理学原理仍然在数码相机中发挥着重要作用。数码相机传感器中的每个像素都包含了一小块半导体材料，这些半导体材料在光线下暴露一段时间之后，虽然入射光子无法将电子从材料中完全释放出来，但可以将它们从无法移动的状态激发至可以自由流动的状态。当照相机快门打开拍照时，在光线照射下，一个给定像素中被激发至自由流动状态的电子集中到一起，^①依据由此产生的电压可以测算出该像素的亮度。曝光时间结束后，读取这些像素的电压，就能形成一幅图像。

硅基光电传感器具有体积小，以及易于与数字信息处理器集成等优点。今天，即使是适用于手机的小型相机芯片也包含很多像素，其分辨率可以与专业品质的数码相机媲美。目前，我使用的智能手机相机为 1 610 万像素（默认照片分辨率为 5 344×3 006），而我的那台质量不错的数码单反相机为 2 400 万像素（默认照片分辨率为 6 000×4 000）。目前，限制手机照相质量的主要是光学因素而非电子因素：可以装到手机中的小镜头与独立相机的大镜头相比，在功能方面受到的限制更多。然而，对

---

① 在老式的 CCD（电荷耦合器件）相机中，电子堆积在一个个像素上。曝光完成后，它们就会沿着一排排像素移动到芯片边缘的传感器上。大多数新型相机上的 CMOS（互补金属氧化物半导体）传感器都包含一个与各像素相关联的小型放大器，可以直接产生电压信号。读取这些信号，就可以形成图像。

大多数不是严格意义上的摄影爱好者的人来说，这些限制不太明显。

像素阵列的顶部有一个用作颜色传感器的红、绿、蓝三色滤镜网格，因此每个像素都只能探测到一种颜色的光。在最终成像时，将图像中某个点的相邻各色像素的电压结合起来，以确定应该如何混合红、绿、蓝三种颜色，才能与该点的光最接近。

数码相机只需要测量三种颜色，因为这与人眼处理光并确定颜色的方式非常匹配。当光子撞击视网膜上的感光细胞时，光子的能量会触发蛋白质分子构形的改变，继而引发一连串的化学反应，最终向大脑发送信号，告诉大脑该细胞探测到某种光。感光细胞有三种，分别对不同波长范围的光敏感，大脑利用来自各种感光细胞的不同响应产生我们看到的颜色。感光度峰值位于与蓝光、绿光和黄绿色光对应的波长上，但三种感光细胞的感光范围都很广。我们的大脑根据这些细胞的活性水平来推断颜色：红光只能触发波长最长光的受体，蓝光只能触发波长最短光的受体，而绿光则会触发所有三种受体。电视和电脑显示器通过混合三种颜色，以适当的比例触发三种受体，复制我们对真实世界的某个物体的光谱响应，诱骗大脑以为它看到了丰富多彩的颜色。

虽然只需要一个光子就可以触发光探测程序，但典型的数码相机传感器不会对单个光子敏感，因为只要在绝对零度以上，任何材料都有可能因为随机热运动而在传感器内部自发产生自由电子。为保证某个像素记录的信号确实是光触发的，光电子的数量必须超过这种"暗电流"，才能在传感器内记录响应，因此在弱光条件下灵敏度会受限。这种效应在很大程度上取决于温度，所以天文学家和量子光学实验使用的专业科研相机通常会冷却传感器，将暗电流降至能可靠地探测到单个光子的水平。

暗电流问题同样会影响我们的眼睛，视网膜中的光敏化学物质原则上可以探测到单个光子，在精心控制的实验室实验中，人类志愿者有时可以察觉到仅包含少量光子的光脉冲。但在通常情况下，在几毫秒内需要有大约100个光子进入眼睛，人类才能可靠地察觉到微弱的闪光。当然，冷却人眼视网膜以减少暗电流并提高敏感性的做法是不可取的。

不过，暗电流的限制只是一个实际问题，而不是根本问题。从本质上看，让商用数码相机成为可能的是量子过程：一个光子进入传感器，通过撞击释放出一个电子。我们之所以能理解这个过程并据此制造出这些设备，原因可直接追溯至海因里希·赫兹偶然间发现的光电效应，还有阿尔伯特·爱因斯坦在1905年提出的那个激进的观点，即光可能是一种粒子。

第 4 章

闹钟：足球运动员的原子模型

太阳刚刚升起，**我的闹钟**就响了。我从床上爬起来，开始了新的一天……

严格说来，新的一天始于太阳升起时，但实际上，我的一天是从闹钟响起时开始的。我总觉得这两个事件发生的时间太接近了，而且在冬天的大部分时间里，它们甚至连先后次序都弄错了。虽然天文日可能是太阳开启的，但工作日开始的标志却是闹铃声。

我床头柜上的那个计时器非常普通，就是一个价格便宜的插入式数字时钟，除了能发出刺耳的闹铃声，将我从酣睡中吵醒以外，几乎没有其他特征。不过，它代表的现代计时方式深植于原子的量子物理学和实物的波动性。从现在追溯到史前时期，人类采用过很多种时间测量技术，这种方式是最新的一种。

计时技术简史

时间的量度可以说是有历史记载的最早的技术领域，可追溯到书面语言出现之前的时期。爱尔兰的纽格莱奇通道式古墓建成于公元前 3 000 年左右，这座耗费了 10 万吨土石的假山实际上是一个精密的计时装置。假山中有一条 20 米长的通道，通往中央的一个拱形墓室。这个中央墓室一年到头都是漆黑一片，除了冬至点的前后几天，其间旭日透过墓室门上方的一个小孔撒下一缕光线，一直照射到通道的尽头。这就成了旧的一年过去而新的一年开始的明确标志，这座古墓已经有 5 000 年的历史了，但这一计时机制仍然运行良好。

自纽格莱奇时代以来，计时科技取得了巨大的进步，但基本原理保持不变，即通过计数某些有规律的重复事件的发生次数来标记时间的流逝。对纽格莱奇古墓之类的日历标记来说，旭日在一年中的位置变化就是一种有规律的重复运动。在北半球，太阳夏季从正东偏北的方向升起，冬季则从正东偏南的方向升起。冬至是一年中最短的一天，也是日出位置最偏南的一天。纽格莱奇古墓的建造者在建造这座巨型建筑之前，肯定对这个模式进行了多年观察，并认为它极其可靠。

天文运动也可用于测量间隔较短的时间，例如，日晷利用垂直物体的投影方向表示一天的时间。夜晚，恒星在天空中的视运动也可以起到类似作用。地球的轨道运动使得这两种计时方法都有一定的复杂，但由于人们已经密切追踪了这些模式几千年，因此只观察太阳和恒星就可以相当准确地计时。

当然，利用天文观测来计时也有其局限性。一是我们无法确保它必需的晴朗天空条件；二是利用日晷或恒星的位置，很难测量到几分钟的时间。针对较短的时间量尺寸或者恶劣的天气条件，计时员转而利用某些事物的规则运动。古埃及和古代中国使用水钟计时（通过容器排空来定义时间间隔），而在中世纪的欧洲，由于水钟冬季容易结冰，于是他们发明了沙漏计时器。

对定居的农业社会来说，这些方法可能已经足够了，但16~17世纪随着全球帝国的崛起，对更精确的计时器的需求也出现了。航海家在跨海航行时，有时数周都看不见陆地，他们需要知道纬度和经度，才能在地图上找到他们所在的位置。根据中午的太阳高度可以很容易地确定纬度，但要准确地测量经度变化，不仅需要知道当前的时间，还需要知道出发地的时间。而要追踪时间的流逝和经度的变化，可借助改良的天文表，但通过钟摆的摆动或弹簧的振动来计时的便携式机械时钟使用起来更容易。尽管制造能用于航海计时的机械时钟是一项艰巨的技术挑战，[①] 但到19世纪中叶，这种时钟已得到了广泛应用。不过，这些机械时钟的准确性也是有限的，随着横跨大陆的铁路和电报网络的兴起，精准计时的需求变得越发迫切。

任何基于物理对象的运动的时钟在本质上都是不可靠的，这是研究时间的科学家面临的问题之一。机械时钟对制造过程中的小差异很敏感，钟摆形状的微小变化都会导致两个时钟的走时略有不同。即便是天文钟也会出现走时误差：由于月球引力的影响，地球的自转速度会随着时间的推移而减慢，因此每隔几年我们就会听到在12月31日午夜增加"闰秒"的新闻报道。

理想的时钟应该没有任何做物理运动的部件，在人们认识到光是一种电磁波之后，这种时钟就变为可能。光波是一个以一定频率来回振荡的电场，一旦这个电场开始运动，就很难改变振荡的频率。[②] 如果我们

---

① 达娃·索贝尔（Dava Sobel）在她的获奖作品《经度》一书中有这方面的描述。

② 由于光在不同介质中的传播速度不同，因此当光从一种介质进入另一种介质（例如，从空气进入玻璃）时，它的波长就会发生变化，但振荡频率保持不变。

能计数这些振荡的次数，就可以把光当作时钟。

利用光测量时间需要解决的一个主要问题是，如何产生频率绝对已知的光。上一章讨论的赫兹实验表明，通过驱动电流来产生单一频率的波（也就是说，不是像高温物体发出的黑体辐射那样的宽光谱）并不难。但是，这些振荡电流的精确频率在很大程度上取决于产生这些电流的物理电路，这致使我们面临着与利用弹簧及钟摆的机械钟同样的难题，即如何制造出两个真正相同的物体。更重要的是，要制造出高精度的光钟，我们不仅需要想办法产生频率已知的光，而且无论用于何时何地，我们都必须保证它的频率完全相同。

最终，人们通过一个看似无关的问题——光与单个原子之间的神秘相互作用——解决了这个难题。

谱线的秘密

多年来，原子研究取得的进展与光的性质研究几乎没有关系。但是，由于光是探索原子内部结构的主要工具，因此两者之间存在着强有力的联系。

19世纪早期，阿拉戈证实了光具有波动性，几乎在同一时间，其他物理学家通过研究不同物质发出的光，也取得了一些发现。威廉·海德·沃拉斯顿（William Hyde Wollaston）发现太阳光谱中有一些暗线。阳光穿过垂直狭缝并经棱镜散射后，会产生一条宽色带。但某些狭窄区域的亮度远低于频率略高或略低的区域。沃拉斯顿最初试图将它们解释为光谱的离散颜色（我们上小学时学过的"ROY G BIV"[1]）之间的边界，

---

[1] "ROY G BIV"是红（Red）、橙（Orange）、黄（Yellow）、绿（Green）、蓝（Blue）、靛（Indigo）、紫（Violet）的英文首字母缩写。——译者注

但这些线的数量太多，出现的位置也不对。1814 年，约瑟夫·冯·夫琅禾费利用衍射光栅——通过光波干涉分开不同波长的光——获得了更精确的光谱，并在太阳光谱中发现了数百条暗线，从而彻底推翻了"边界"模型。夫琅禾费着手对这些线条进行了系统性研究，确定了它们的波长，并基于强度对它们进行分类。为纪念他对光谱学领域做出的开创性贡献，太阳光谱中的这些暗线被命名为"夫琅禾费谱线"。

　　几乎是在夫琅禾费观察太阳光谱中的暗线的同时，以威廉·亨利·福克斯·塔尔伯特（William Henry Fox Talbot）和约翰·赫歇尔（John Herschel）为代表的其他物理学家发现，各种化合物在火焰中加热时发出的光谱中存在一些明线。这些火焰光谱是微量物质在加热过程中气化产生的，而这些弥漫蒸气产生的光谱与大型高温物体产生的热辐射非常不同。普朗克在 19 世纪末指出黑体辐射光谱仅与温度有关，而火焰光谱则非常敏感地取决于被加热的元素：每种元素只能发出特定波长的光，并形成非常狭窄的线。事实上，塔尔伯特和赫歇尔指出，这些明线可用于识别微量的特定元素。法国物理学家让·伯纳德·莱昂·傅科（Jean Bernard Léon Foucault）证明，给定元素的低温蒸气可以吸收与该元素在火焰中加热时发出的相同波长的光。这为夫琅禾费的暗线提供了一种概念性的解释：太阳光谱中"缺失"的光是由炙热的太阳中心发出的，但随后即被太阳大气的温度较低外层中的元素吸收。

　　19 世纪 50 年代，古斯塔夫·基尔霍夫（Gustav Kirchhoff）和罗伯特·本生（Robert Bunsen）对 19 世纪早期的各种不同的光谱研究进行了系统归总，使光谱学成为物理学的一个分支学科，并具备正式的规则和程序。基尔霍夫和本生证明，所有已知化学元素在发射和吸收的过程中都会产生独特模式的谱线。仅仅过了几年，谱线就被用于识别新元素，其中最引人注目的就是氦元素的发现。1870年，人们基于从太阳光中发现的一种新谱线——波长为587.49纳米的一个狭窄区域（位于光谱的黄色部分），亮度远高于其两侧的类黑体光谱——确定了氦元素的存在，但直到19世纪90年代，这种元素才在地球上被分离出来。

这些谱线为制造光钟奠定了概念基础：如果每种元素只发射和吸收特定频率的光，我们只需要选择特定元素的特定谱线，就能得到可用于光钟的频率已知的光。不过，物理学家只有对频率的可靠性充满信心，才能确保这一想法具有真正的吸引力，为此他们必须了解原子是如何产生这些谱线的，以及如何根据物理定律确定它们的频率。虽然基尔霍夫和本生证实了谱线的存在是一个经验事实，也是物理学与化学的一种有用工具，但这些谱线的起源仍然是一个谜。

事实证明这是一个很难破解的问题，因为许多元素的光谱都十分复杂，整个可见光区含有大量谱线，想在这片谱线"森林"中找出有用的模式可以说是非常棘手。最轻元素——氢的光谱为我们最终破解这个谜题提供了线索。氢的可见光谱只包含4条线，波长分别为656、486、434和410纳米。这个简单的光谱似乎暗示了一个简单的基本原则。1885年，瑞士数学家和教师约翰·巴耳末（Johann Balmer）发现，如果将整数（分别为3、4、5、6）分配给氢的4条可见谱线，再利用一个简单的数学公式，就可以准确地预测出它们的波长。几年后，瑞典物理学家约翰内斯·里德伯（Johannes Rydberg）拓展了巴耳末的研究成果，将氢的所有谱线（包括巴耳末使用的可见谱线，以及紫外区和红外区的类似谱线系）与整数对联系起来。其中一个整数 m 表示光谱的特定区域（1表示紫外区中的"莱曼系"，2表示可见的巴耳末谱线，3表示红外区的

"帕邢系"），另一个整数 n 表示谱线系中的一条谱线。因此，用于确定这些谱线波长（传统上波长用希腊字母 λ 表示）的里德伯公式可以写成：

$$1/\lambda = R(\frac{1}{m^2} - \frac{1}{n^2})$$

符号 R 代表一个常数，现在被称为"里德伯常量"，它的值为 10 973 731.6，单位是"逆米"（inverse meter），即 $1/m$（与公式左边的"$1/\lambda$"匹配）。常数 R 的值可以确定氢元素的所有谱线波长。

里德伯公式很好地解释了氢的所有已知谱线的波长，并且稍加改动就能解释其他元素的谱线系。里德伯公式可能不仅适用于所有元素，还是当时人们想到的唯一成功的方法。这个简单的数学公式似乎暗示了某种同样简洁优雅的基底结构。遗憾的是，在接下来的 25 年里，没人知道这个结构到底是什么。

最不可思议的事：原子内部

1913 年，丹麦理论物理学家尼尔斯·玻尔的研究工作取得了真正的突破，他不仅解释了氢发射和吸收的光，并且最终解释了所有其他元素的光谱。不过，在此之前，英国曼彻斯特的欧内斯特·卢瑟福（Ernest Rutherford）在实验室里收获了另一项惊人发现。

1909 年，卢瑟福已经是物理学界的一位重要人物，他因为 1898—1907 年在蒙特利尔的麦吉尔大学进行的一项研究而成为 1908 年的诺贝尔化学奖得主。这项研究取得了三大成果：第一，它告诉我们放射性可分为 α 放射性、β 放射性和 γ 放射性，这种分类方法至今仍在使用；第二，它表明α粒子就是氦核；第三，它证明让一种化学元素变成另一种化学元素的是放射性。关于化学特性变化的发现是卢瑟福获得诺贝尔化学奖的原因，这一事实不无讽刺意味。众所周知，卢瑟福蔑视除物理学以外的所有科学。据说，卢瑟福曾声称物理学是唯一的科学，"其他的都是集邮"。在诺贝尔奖的颁奖晚宴上，他轻描淡写地谈到这个问题，并开玩笑说，在他研究过的所有转变中，他本人在获奖的一瞬间从物理学家变成化学家，是最迅速或最令人惊讶的一个。

卢瑟福绝不是一个满足于既得成就的人。在他于1907年移居曼彻斯特之后，他又启动了一个新的研究项目。他利用镭放射性衰变产生的α粒子轰击金箔，然后通过少数粒子在穿过金箔时发生的角度偏转，推断物质结构的详细信息。当时最好的原子模型是J. J.汤普森的"布丁"模型，它将原子描绘成内部充斥着正电荷的球体，并嵌有带负电荷的电子。这样的原子只能对来自卢瑟福实验的高能α粒子进行微弱的抵挡，使其前进路线发生微小的偏转，最多只有几度。致力于寻找发生微小偏转的α粒子的早期实验，其结果与科学家的预期差不多。不过，为了合理地检验这些结果，卢瑟福让他的研究助理汉斯·盖革（Hans Geiger）和本科生欧内斯特·马斯登（Ernest Marsden）负责查找偏转超过90度，从而与放射源位于金箔同侧的α粒子。

虽然主流理论认为他们将一无所获，但事实上马斯登和盖革找到了数量可观的偏转角度很大的α粒子，有的甚至发生了150度偏转，几乎直接返回了放射源。即使用出乎意料也不足以形容这个发现，多年后，卢瑟福亲口承认：

> 这是我一生中遇到的最不可思议的一件事。它实在令人难以置

信，就好像你朝着一张薄纸发射一枚 15 英寸①的炮弹，结果炮弹回过头来击中了你自己。

根据布丁原子模型，马斯登和盖革发现的大角度偏转根本不可能发生。高能 α 粒子与金箔的"布丁"原子内部弥散的正电荷之间的静电斥力，绝不可能强大到令 α 粒子掉转方向。

卢瑟福几乎立即认识到这个问题：除非原子内部的正电荷不是弥散的，而是集中的（也就是说，带正电荷的原子核包含了原子的绝大部分质量），否则马斯登和盖革的惊人发现就无法解释。正是根据卢瑟福的建议，现代漫画把原子刻画成中心是一个带正电荷的原子核，有若干带负电荷的电子绕核旋转的形象。

卢瑟福假设原子的绝大部分质量都集中在小小的原子核上，在此基础上他提出了一个方程，它可以预测发生特定角度偏转的 α 粒子的数量如何取决于 α 粒子的能量及其轰击目标的组成。马斯登和盖革进行了一系列的新实验，证实了卢瑟福的散射公式的所有预测。

但是，就像前一章讨论的爱因斯坦的光电模型一样，尽管卢瑟福模型在寻找经验性证据方面取得了显而易见的成功，但它并没有立即得到广泛的认同。原因很简单，那就是根据人们熟知的经典物理学，卢瑟福的原子模型是不可能成立的。原子核周围轨道上的电子会不断改变运动方向，这意味着它在加速，而这种加速会导致卢瑟福原子迅速死亡。加速的电荷会发生辐射，赫兹就是根据这个原理制造出他实验用的电磁波，150 年来制造的每一台无线电发射机也需要这些电磁波。绕核旋转

---

① 1 英寸 ≈ 2.54 厘米。——编者注

的电子会向各个方向辐射高频光波——X射线和γ射线——而这些光波会带走能量，导致电子减速并做螺旋运动，最终撞上并落入原子核。从经典物理学的立场看，卢瑟福的太阳系原子模型简直太荒谬了。

进入量子世界

卢瑟福的原子模型把原子的绝大部分质量都归于原子核，这很好地解释了马斯登和盖革所做的散射实验，但由于旋转电子的概念与经典物理学之间存在着根本性矛盾，这个模型在曼彻斯特以外的地方并未引起重视。幸运的是，尼尔斯·玻尔即将来到这里，与卢瑟福展开为期几个月的合作。他最终解决了这个问题，并改变了我们对原子的理解。

玻尔和卢瑟福是一个奇怪的组合。玻尔以说话轻声细语、含糊其辞而闻名，而卢瑟福说话则声音洪亮、铿锵有力。（有一次，卢瑟福正在接受美国的一个广播节目的采访，一位同事来找他。听说卢瑟福教授正在通过无线电与美国通话时，这位同事说道，"他还需要通过无线电吗？"）玻尔和卢瑟福之间的这种反差也体现在工作上：卢瑟福的数学能力很强，但他经常贬低纯理论，而玻尔则是一位纯粹的理论物理学家。在因为将玻尔引入研究团队而遭到取笑时，卢瑟福反驳说，"玻尔不一样，他是一名足球运动员！"（玻尔的弟弟哈拉尔德是丹麦国家奥林匹克足球队的守门员，年轻的玻尔也是一名天才球员。）

尽管玻尔和卢瑟福的基本性情相差甚远，但他们还是成了好朋友。年轻的玻尔成功地拯救了卢瑟福的太阳系原子模型，尽管他只能像马克斯·普朗克解释黑体光谱那样采取孤注一掷的方法。玻尔认识到，原子结构问题与黑体辐射问题一样，也是经典物理学的一个重大突破。在

"紫外灾难"事件中，经典物理学认为高温物体应该发出大量的短波长的光，但这显然与事实相悖。同样地，经典物理学认为有原子核的原子不能长期存在，尽管原子的稳定性显而易见。就像普朗克此前做的一样，玻尔提出了一个新的原子模型，并直截了当地宣称，在某些情况下，经典物理学的法则并不适用。

　　玻尔原子模型的关键在于"定态"的概念。经典物理学告诉我们，旋转电子肯定会发出辐射，但玻尔认为，某些特殊轨道（类似于普朗克解决黑体辐射问题时，提出的"允许模式"）上的电子不会发出辐射。普朗克设想的振子只能以基本能量的离散倍数释放能量，同样地，玻尔的电子也只能以基本角动量的离散倍数绕核旋转。角动量是一个与旋转物体有关的量，需要考虑速度和质量的分布。如果物体没有受到显著的外力影响，它的角动量就是守恒的。旋转的花样滑冰运动员是一个典型的例子。当滑冰运动员伸展双臂旋转时，他们的速度较慢，但当他们收拢双臂时，旋转的速度就会加快。这两种情况下的角动量相同，但随着质量分布的变化，旋转速度逐渐增加以做出补偿。对于在圆形轨道上运动的粒子，角动量等于粒子的线性动量（质量乘以速度）乘以轨道半径，所以在角动量一定的情况下，粒子既可以进行大半径的缓慢旋转，也可以进行小半径的快速旋转。

　　玻尔的"定态"是由类似于普朗克用过的量子化条件来决定的：在容许轨道上，电子的速度与轨道的半径使得角动量为普朗克常数除以 2π 的商的整数倍。[1]

　　基于这个量子化条件，玻尔利用经典法则计算出带正电荷的原子核

---

[1]　量子物理学的数学运算经常会用到这个量，因此它有一个专门的符号 $\hbar$，$\hbar = h/2\pi \approx 1.055 \times 10^{-34}$ 焦耳秒。

与带负电荷的电子之间的吸引力，以及让粒子在圆形轨道上保持运行所需的向心力，从而确定了这些定态的属性。虽然进行小半径快速旋转的粒子可能与进行大半径慢速旋转的粒子有相同的角动量，但让它在小轨道上旋转，所需的力要大得多。如果半径缩小一半，速度就会加倍，而所需的力则增大至8倍。在氢原子中，让电子保持在轨道上的力来自原子核和电子之间的电磁相互作用。我们都十分清楚这种相互作用：轨道半径减半，力就会变为原来的4倍。综合考虑所有这些因素，我们就会发现，对任何特定的角动量值而言都有一个最佳速度与轨道半径与之对应。一旦我们利用玻尔的量子化条件选择了一个角动量值，轨道半径就只有一个，这样才能保证有足够强的电磁力，让电子保持在轨道上并以正确的速度运行。

根据这些计算结果预测出的氢原子半径①，与20世纪早期已知的原子近似大小是一致的。知道电子的速度就可以计算出它的动能，再结合原子核的电磁吸引力，则能知道需要向原子施加多少能量才可以彻底移除电子，即电子需要多少额外的动能才可以摆脱原子核的吸引力。玻尔计算出的"电离能"数值与氢原子实验得出的数值相吻合。这些结果可以起到"合理性检查"的作用，表明模型在正确的轨道上。最终结果是一组定态，其中每一个都是由整数角动量定义的，并给出明确的能量值。

绕核旋转的电子携带的能量包括：因为运动而产生的动能和因为受到原子核吸引而产生的势能。根据物理学的惯例，动能总是正值，而势

---

① 为了向玻尔致敬，人们将这个预测结果称为"玻尔半径"，它的值是0.000 000 000 052 9米。原子物理学家在讨论原子和分子的相互作用距离时，经常会用到玻尔半径的倍数。

能则是负值，其大小取决于电子和原子核之间的距离。当电子远离原子核时，势能增加；当间距非常大时，势能接近于零；当电子恰好在原子核上面时，势能迅速减小并趋向于负无穷。电子与原子核到底是紧密结合成一个原子，抑或电子只是从原子核旁边经过并有机会逃逸（如果动能与势能之和是负值，电子就会始终位于原子核附近，我们说电子被束缚在原子内部），物理学惯例可以明确区分这两种状态。

　　玻尔的量子化条件加上经典物理学对旋转粒子的研究，给出了一组总能量均为负值的轨道。这些轨道遵循一个简单的模式，即第 n 态的能量等于电离能除以 n^2：

$$E_n = -\frac{E_0}{n^2}$$

　　与之对应的是半径不断增加、能量趋近于零的一组圆形轨道。而且，根本不可能符合条件的能量范围有很多，如果电子携带的能量位于这些范围中，就无法满足玻尔的量子化条件。[①]

　　在玻尔模型描述的轨道上，电子是稳定的，而且不发光。为了得到原子的发射或吸收光谱，玻尔借助普朗克和爱因斯坦用过的定律，将光的频率与能量联系起来。在玻尔模型中，光是量子从一个轨道跃迁到另一个轨道时发出的：当原子发光时，电子从高能轨道掉落到低能轨道；当原子吸收光时，电子则从低能轨道移动到高能轨道。在这两种情况下，电子能量的变化都取决于光的能量，而根据普朗克定律，光的能量与光的频率有关。

―――――――――――――

① 　相邻轨道的能量差随着能量的增加而减小，所以当 n 非常大时，这种差别就非常小了。但高精度光谱学已经被用于研究 n 值达到几百时的"里德伯原子"的属性了。

　　决定氢光谱的不是特定轨道的能量，而是电子在轨道间移动过程中的能量变化。玻尔模型的离散轨道直接导致光谱中有一组能量为特定值的离散谱线，从而对里德伯公式 $1/\lambda = R(1/m^2 - 1/n^2)$ 做出了简单的解释：等式左边的 $1/\lambda$ 与光子携带的能量有关，而等式右边的两个整数平方的倒数则对应于玻尔定态的能量。常数 R 就是氢的电离能除以普朗克常数和光速，这些值都很容易确定。如下图所示，不同的谱线系与电子向特定轨道的跃迁相对应：可见光区的巴耳末系与释放光子并最终处于 $n = 2$ 态的原子有关，而紫外区的莱曼系则与最终处于 $n = 1$ 态的原子有关。

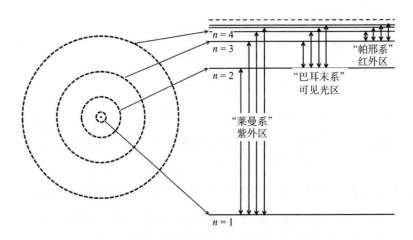

图 4-1　玻尔模型中的轨道和能级，图中标出了对应于三个谱线系的跃迁

　　玻尔模型还将里德伯格公式中的常数 R 与电子质量、电荷等基本物理量联系起来。这似乎没什么大不了的，但理论物理学家最不喜欢做的事就是随意定义一个无法追本溯源的新常数。由此玻尔模型得以扩展，用于描述较重元素的离子，即只保留一个电子，而把其余电子全部移除。根据该模型，定态的能量取决于核电荷的平方。这个洞见对理解不同元

素发出的 X 射线光谱而言至关重要，并有助于解释元素周期表的结构。

当然，就像对其有启发意义的普朗克黑体辐射模型一样，玻尔模型仍然面临着一个问题：引入定态量子假设的理由并不显著。不过，只要你愿意接受它，玻尔模型就可以精辟地描述氢和类氢离子。这似乎只是一个小成就，但作为几十年来的第一次成功，它开启了一场革命。其他物理学家，尤其是阿诺德·索末菲（Arnold Sommerfeld），找到了将玻尔的量子理论形式化的数学方法，使之很快成为理解原子和分子结构的主要框架。[1]

不过，玻尔模型的最成功之处是，它在普朗克的量子假设和爱因斯坦的光量子模型的基础上，引入了原子的离散能态的概念。虽然用于确定原子态及其能量的数学方法已经发生了巨大的变化，但这一核心概念却保留下来，并成为现代物理学和化学研究的基石。

我们关于原子和分子结构的一切知识，基本上都来自同一个途径：依据它们发出的光，推导出容许态的能量；对于较重的原子，光谱可能会非常复杂，但可以提供有关电子排列及其相互作用的大量信息。就像普朗克的黑体光谱能帮助我们测定宇宙中遥远天体的温度一样，各种元素特有的吸收和发射谱线有助于我们测定这些物体的构成。我们在地球上使用的许多化学分析技术，也依赖于识别特定原子和分子的谱线。

这些谱线技术在日常生活中也得到了应用，例如，办公室里使用的荧光照明。荧光灯管中的气体大部分都是汞原子。当被电流激发时，这些原子发出位于光谱中的红光区、绿光区和蓝光区的光，在我们看来都是蓝白色的光。它们还发出大量不可见的紫外光，荧光灯管上涂有一种

---

[1]　现在它被称作"旧量子论"。在后面的章节中，我们将深入讨论玻尔–索末菲原子模型，以及它如何被现代量子理论取代。

化学物质，它能吸收紫外光的能量，并发出可见光。这不仅可以增加荧光灯的亮度，而且允许灯光设计师（根据具体的涂层材料）混合不同颜色的光，产生不同的灯光效果。

归根结底，荧光灯的高效也要归功于玻尔的量子化条件。白炽灯泡的灯丝必须加热到足够高的温度，产生的黑体光谱中才会有我们想要的颜色，但发射光谱中必然包括大量肉眼看不到的红外光。荧光灯管中的气体足够弥散，原子之间基本上互相独立，所以它们的发射光谱不是宽光谱，而是集中在可见光区的离散谱线。虽然在电流一定时，荧光灯产生的辐射通量可能更少，但可见光的占比（光通量）更大，整体效率也更高。

原子钟

玻尔的原子模型及其提供的关于原子发射光谱的信息，也为时间测量领域的革命奠定了基础，这就是为什么即使是便宜的闹钟，也可追本溯源至量子。特定元素的原子吸收或发射光的频率只取决于电子的两种能态之间的能量差，根据物理学定律，这些能态都是固定的。宇宙中的所有铯原子是一模一样的，所以它们就是完美的基准频率。如果一个铯原子吸收了光，那么你可以毫不迟疑地说出光的频率。我们终于找到了合适的光源，用于制造原子钟。

秒的现代定义是，铯电子在两个特定能态间发生跃迁时发出的光完成 9 192 631 770 次振荡所需的时间。[①] 现代最先进的原子钟是由实验室

---

① 这两个电子态并不是玻尔最初设想的不同轨道，而是"超精细"能态，其能量分裂取决于电子固有的"自旋"，该属性直到 1922 年才被发现。不过，核心概念是一样的：光的频率取决于两种能态之间的能量差，这与玻尔的描述一模一样。

里的微波光源和几百万个铯原子构成的，这些铯原子经冷却后，温度不超过绝对零度以上的几百万分之一摄氏度，以充当基准频率。将一团超冷的、处于一种电子态的铯原子云朝向上发射，使其穿过一个微波腔，并在那里与微波光源发出的光相互作用。之后，原子在引力的影响下速度变慢，最终下落并再次穿过微波腔。原子第二次穿行微波腔时与微波发生第二次相互作用，随后测量原子的状态。如果微波源的频率与铯跃迁的频率完全吻合，那么所有原子都将跃迁到第二种能态；但如果频率存在小误差，就会导致一些原子被留在初始能态。原子钟操作者根据跃迁原子的比例调整微波频率，从而更好地匹配铯跃迁，以此类推。

本质上，这种"两次相互作用过程"〔诺曼·拉姆齐（Norman Ramsey）因为这项研究成果获得1989年的诺贝尔物理学奖〕与我们给手表校时的过程是一样的。我们依据准确的基准时间（例如，美国国家标准与技术研究院的时间服务官方网页）为手表校时；过一会儿，我们再次依据基准时间核对手表上的时间。如果手表走的时快或慢，就需要将它调成正确的时间，以此类推。

在铯原子钟中，铯原子与微波的第一次相互作用起着同步的作用，目的是让原子处于以精确频率振荡的状态，该频率取决于两个能级之间的能量差。开始时原子和微波完全同相，并在振荡一段时间后发生相互作用。如果频率匹配，振荡就会继续保持同相，所有原子最终都处于第二种能态；如果频率略高或略低，就会有一些原子继续保持初始能态，物理学家由此得知需要调整频率以做出补偿。原子钟完成一个周期大约需要1秒钟的时间，在运行1个小时后，微波源与铯原子跃迁频率的匹配误差不超过 10^{-15} 秒。这种"时钟"连续运行几十亿年，才会与基于铯原子真实频率的时钟相差1秒钟。

　　国际条约规定的世界官方时间，是由多个国家的国家实验室运行的70多台原子钟共同确定的。协调世界时的英语表达是"Coordinated Universal Time"，而法语表达是"Temps Universel Coordonné"，最终采取的缩写形式UTC可以说是国际协商的一个典范。用于协调互联网通信和其他全球网络通信的官方网络时间与UTC紧密同步，所以如果你拿出智能手机查看时间，最终都与铯原子钟有关。

　　当然，我床头的那个廉价闹钟没有联网，它从墙上插座的交流电中获取时间信号，每秒钟电流都会在高压与低压之间来回振荡60次。即使如此，这也可以追溯到原子时，因为现代电网连接的众多发电厂遍布各地，它们受到严格监管，必须供应60赫兹频率的电力，于是，电力公司高度依赖原子时和时间分配网络，来让其所有发电厂保持同步。如果没有精心的频率控制，佛蒙特州的水电站就有可能与布法罗的水电站不同步。最终，为我在尼什卡纳的房子供应电力的公司可能就会发现，在佛蒙特水电站准备增加电压时，布法罗水电站却准备降低电压。电压的不同相振荡会导致部分相互抵消，可用的总电力因此减少，电网则可能会蒙受高达数百万美元的损失。

　　最后，所有的现代计时技术基本上都与量子有关，从美国国家实验室对冰冷的铯原子实施的监测，到网络计算机在电子邮件上添加的时间戳，再到开启我的每一天但看似低技术含量的闹钟。我们与纽格莱奇古墓的建造者一样，也利用光来标记时间的流逝，但我们的时钟在一个小得多也奇怪得多的尺寸上运行，即通过计数电子在尼尔斯·玻尔于1913年首次提出的原子量子态之间跃迁所产生的光波的振荡次数来计时。

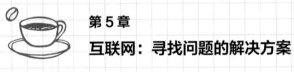

第 5 章

互联网：寻找问题的解决方案

我的**社交媒体**上充斥着大同小异的内容：欧洲和非洲的早间新闻，亚洲国家和澳大利亚的晚间报道，世界各地的朋友贴出来的孩子和猫的数码照片……

历史上，没有任何技术能像互联网这样如此明确地定义此时此刻。互联网几乎可以瞬间与地球上的任何一个人建立联系，这种能力不仅彻底改变了交流本身，而且改变了所有依赖于交流的日常活动。通过互联网，我们可以购买音乐和电影，订购各种送货上门的商品，与远方的亲朋好友分享信息和照片。互联网已经从只有少数研究人员使用发展到可以影响日常生活的各个方面，并且包罗万象，整个过程历时之短，令人惊叹。当我们仍在思考互联网带来的变化最终是否会百利而无一害时，它显然已经改变了我们的社会，而且这种改变还在继续。

长途通信本身并不是一种新技术，自电报时代以来，我们就一直在各大洲之间发送电子信息。不过，如果没有能承载海量数据的高带宽光纤网络，互联网就不可能是我们今天看到的样子。现在，大多数远程网络流量都是由沿玻璃纤维传输的光脉冲承载的，如果不了解量子物理学，我们就不可能利用激光产生这些脉冲。

互联网之前的网络

全球电信时代的历史比许多人以为的更加久远，可以追溯到1858年在爱尔兰和纽芬兰之间铺设的第一条横跨大西洋的电报电缆。然而，这条费尽千辛万苦才搭建起来的电缆，仅用了大约一个月就失败了。不过，在那短短的一个月内，欧洲和北美洲之间不再需要借助横跨大西洋的船只并且等上数周来交流信息。

第一条电缆的短暂成功和过早失败激发了人们继续努力的斗志。1866年，一条横跨北大西洋的更坚固（设计也更合理）的海底电缆铺设成功，从此两大洲之间的电报联系再无中断。在过去的一个半世纪里，人们又修建了更多可以联系世界各地的电缆。

对任何一种通信网络而言，一个关键的度量就是它传输信息的速率，我们通常称之为"带宽"①，单位是比特/秒②。1858年铺设的第一条跨大西洋电缆的带宽相当糟糕，英国维多利亚女王发给美国布坎南总统的第一条官方信息，发送过程耗时17个小时40分钟，远低于0.1比特/秒的速度。电缆工程和电报技术的进步迅速提高了传输速度，1866年电缆

---

① "带宽"一词容易引起混淆，因为在通信领域它也被用来描述某个信道可以成功传输的频率范围。

② 以前的文献资料经常使用"词/秒"，但这个单位有点含糊，因为词的长度相差很大。用0或1的二进制数字来量化信息的现代方法是克劳德·香农（Claude Shannon）在20世纪40年代提出的，更加可靠。

传输信息的速度已达到1858年的80倍左右，但跨大西洋电缆的低带宽问题直到20世纪才有所改观。

电报电缆和后来的电话电缆通过长铜导线传输电脉冲，因而面临着信号衰减的严重问题。即使像铜这样的良导体也有一定的电阻，在长距离传输中，相较于发送信号的电压，电阻会导致接收信号的电压缓慢下降。这个问题可通过增加发送电压来解决，但只能在有限范围内。1858年跨大西洋的电报电缆的最终失败，部分原因就在于北美端不明智地使用了高压源，最终导致水下电缆的绝缘层受损。

虽然信号衰减对陆地电缆来说也是一个问题，但对海底电缆来说尤其具有挑战性。在陆地上，该问题可通过每隔一定的距离加装一个中继器的方式来解决，中继器接收到低压信号后会以较高电压将其重新发送出去。但在19世纪60年代，在跨越数百千米的海洋中安装中继器是根本不可能的。直到近一个世纪后，第一条带有自动中继器的跨大西洋电缆才铺设完成。虽然加装中继器确实可以解决衰减问题，但这会增加陆地电缆和海底电缆的成本及复杂性。几十年来，如何巧妙地增大铜传输线的带宽一直是电信工程师面临的主要问题。

激光技术的发展带来了一种截然不同的信号传输方法，为大幅提升带宽创造了条件。现代网络不再把用"0"和"1"编码的信号转变成经由铜导线传送的不同电压，而是把它们转换为光脉冲，并通过纤细的玻璃纤维传输。

光纤呈纤细的圆柱状，中间的纤芯及其周围的包层分别由两种略微不同的玻璃制成。通过纤芯传输的光会在两者间的边界发生反射，即使光纤因转角而弯曲，也可以有效地将光限制在纤芯之中。因此，光脉冲可以沿着任意路径运动，而无须沿着笔直的路线从一端传输到另一端。

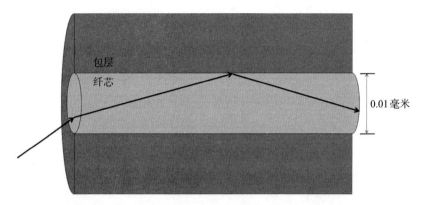

图 5-1 光纤结构示意图。玻璃纤芯周围包裹着由另一种玻璃制成的包层；从光纤的一端进入的光线在纤芯和包层间的边界发生反射，并被限制在纤芯中

与铜导线相比，光纤在应对信号衰减问题方面有巨大的优势。在光纤传输光脉冲的过程中，由于部分光泄漏或被玻璃吸收，光脉冲的确会衰减；但现代光纤系统使用的红外光的波长（两个主要波段的波长约为1 300纳米或1 500纳米），在没有中继器的情况下传送信号的距离是铜导线传输距离的10倍。光纤捆扎成束的紧密程度也远胜铜导线，因为限制在一条光纤内芯中的光无法进入附近光纤的内芯，从而消除了相邻导线间的串扰问题。然而，如果两根铜导线的距离过近，一根铜导线上的高压信号就有可能在另一根铜导线上产生较小的感应信号。

从通过铜导线发送电脉冲信号到通过玻璃纤维发送光脉冲信号的转变，促使全球电信网络的可用带宽发生了爆炸式增长。像我这个年纪的人，应该还记得难以打通跨国语音电话的时代，而我的孩子却认为，几乎全世界的人都能观看高清视频直播是一件理所当然的事。

然而，要使光纤网络成为可行方案，我们必须在产生和操纵光的技术方面实现一个巨大的飞跃。具体来说，高带宽光纤需要能产生单频光束的光源，而且该光束能进入比人的头发丝儿还细的纤芯。所有传统光源都不符合要求：高温物体产生的光因为频率范围过宽而无法利用；原子气体的谱线虽然频率范围足够窄，但气体（比如荧光灯管中的气体）发出的光过于弥散，不能有效地耦合到光纤中。

高带宽光纤通信需要的那种光只能来自激光器，制造激光器需要详细了解原子发光所遵循的量子规则，这就又回到我们熟悉的内容了。

原子是如何发光的

世界上第一台可实际应用的激光器是1960年研制成功的。在此之前，理论建议的不统一引发了一场旷日持久的专利之战。不过，早在40多年前，爱因斯坦就在1917年发表的一篇论文中阐述了制造激光器必须使用的物理学知识。

爱因斯坦在物理学领域和普通大众中声名鹊起的主要原因在于，他提出了相对论，尤其是广义相对论，该理论将引力解释为物质对四维时空的扭曲。这有时会让人们认为他一直在从事高度抽象的数学研究，但事实并非如此。他于1905年发表的第一篇关于狭义相对论的论文，使用了比较简单的数学知识，1915年他提出了广义相对论。这两个理论相隔10年之久，很大一部分原因在于，爱因斯坦不得不在他的朋友马塞尔·格罗斯曼（Marcel Grossmann）的帮助下，苦学建立广义相对论所需的弯曲空间的相关数学知识。虽然爱因斯坦的数学水平也很高，但他真正的天赋在于他对物理学的直觉和清晰的洞察力。最后，数学家戴维·希尔伯特（David Hilbert）几乎抢了爱因斯坦的风头，因为希尔伯特对广义相对论所需数学知识的理解远比爱因斯坦透彻。希尔伯特后来说："哥廷根街上的任何一个男孩，都比爱因斯坦更懂四维几何。"不过，希尔伯特也认同，如果没有爱因斯坦的物理洞察力，就不可能有广义相对论。

爱因斯坦的物理学研究对象并不仅限于大量粒子的属性，这个领域现在被称为统计力学。与他最著名的研究成果相比，他于1905年完成的博士论文《分子大小的新测定》（将糖溶液的黏度与溶解分子的大小联系起来）显得过于平凡。同一年在完成博士论文之后他又写了一篇关于布朗运动的论文，布朗运动是一种悬浮在水中的微粒所做的可观测的无规则运动。爱因斯坦将布朗运动归因于这些粒子与周围水分子之间的随机碰撞，并利用他在论文中推导出的方程，展示了如何利用布朗运动的统计测量结果确定这些分子的属性。这两篇论文颇具影响力，让顽固分子相信原子和分子是真实的物理实体，而不只是为了计算方便而假想出来的东西。

爱因斯坦于1917年发展的论文以这些统计数据为基础，考虑了大量光子和原子发生相互作用的结果。这似乎是一项不切实际的研究，尤其是在人们还未完全理解光子和原子的"旧量子理论"时代。然而，物理学领域有一个常见的怪异现象：在分析为数不多的粒子时无法解决的问题，一旦粒子的数量多到数不清，该问题就会变得非常简单。物理学家可能对单个光子与单个原子之间的相互作用原理知之甚少，但如果把大量光子和原子放在一起考虑，就可以忽略个体间相互作用的诸多细节。爱因斯坦利用统计推理方法，在不知道个体分子碰撞的具体细节的情况下，将布朗运动与分子属性联系起来。这一次，他利用同样的统计推理方法，从一个非常基本的关于光子与物质间的相互作用模型，推导出光子的某些属性。

　　爱因斯坦的论文思考了光子和玻尔型原子（只当电子在两个离散的容许轨道间跃迁时才会吸收或发射光）之间的相互作用。为简单起见，他只考虑了原子的两种能态（低能"基态"和高能"激发态"），所以他只需要追踪由这两种能态之间的能量差决定的单频光即可。

　　在这幅简单的图景中，光和原子之间的相互作用可根据两个条件进行分类：第一，原子是处于基态还是激发态；第二，是否存在恰当频率的光。在这种框架下，可能会出现以下三个过程：①

　　　1. 吸收。如果原子处于基态，光也具有恰当的频率，原子就可能会吸收一个光子并跃迁至激发态。

　　　2. 自发发射。如果原子处于激发态，那么无论是否有光，它都有可能下降至基态并发射出一个光子。

　　　3. 受激发射。如果原子处于激发态，具有恰当频率的光子就有可能触发它发射另一个光子并下降至基态。

　　其中，前两个过程在1917年就已经为人熟知，②因为原子蒸气吸收和发射光的属性早在玻尔的原子量子模型出现之前就被用于识别元素了。第三个过程，即受激发射，是爱因斯坦自己的发明，也为制造激光器（以及现代互联网）提供了关键的物理学原理。

---

① 第四种可能的组态是低能原子在没有光的情况下自发改变状态，但这是不可能的，因为它违背了能量守恒定律。

② 虽然原子自发发光并下降至低能态的想法已得到确认，但事实上，这是这些过程中最难用数学方法解释的。要充分理解自发发射发生的原因，需要有完整的量子力学理论。粗略地说，发射是由真空中存在的能量触发的，但人们直到20年后才弄明白其中的道理，而爱因斯坦只是把受激原子的自发发射视为经验事实。

认为一个光子会触发原子发射出另一个光子的想法看起来有些奇怪，因为光子将能量传输给原子，原子的能量反而降低了。但是，爱因斯坦指出，如果把原子内部的电子视为振子（电子要产生光，在某种意义上就必须发挥振子的作用），那么根据经典物理学，这个过程应该存在。用推孩子荡秋千做类比，就很容易理解其中的道理。如果你在孩子荡到最高点时推动秋千，就可以增加其摇摆动作的能量，使秋千荡得更高。但是，如果你以完全相同的频率，在孩子荡到最低点时反向推秋千，秋千很快就会停下来。①同理，在恰当频率的光的"推动"下，旋转电子的能量要么增加要么减少。在量子情景中，从高能态到低能态的能量减少必然会触发光子的发射。

虽然爱因斯坦不能阐明受激发射的所有细节，但这个经典的类比告诉我们，受激发射会放大发射光：受激发射的光子必定与入射光子的频率相同，运动方向也相同。简言之，受激发射是指一个受激原子和一个光子产生一个基态原子和两个完全相同光子的过程。

爱因斯坦对光的理解

在明确了这三个过程之后，爱因斯坦跳过了它们如何运行的具体细节，直接宣布这些过程都有可能发生。然后，他依靠自己在热物理学和统计物理学领域所做的研究，以及大量原子与光相互作用时的可观测特征，对这些过程的发生概率（和光子的属性）进行了推断。从概率的角度思考这个简单的原子–光子相互作用模型，爱因斯坦发现了一笔物理

---

① 这种情况通常只会出现在思想实验中，在现实的荡秋千过程中不大可能发生。

学的宝贵财富。

爱因斯坦依据的关键原理是从热力学中借来的一个理念，即原子气体和大量光子应该可以达到平衡态。在平衡态下，大型系统的整体属性不会发生变化，尽管单个组成可能会发生变化。当气体中的两个原子发生碰撞时，如果其中一个原子减速，另一个就会加速，因此气体的总能量（和温度）保持恒定。平衡态是热力学和统计物理学的基础，也是推理大量原子和分子属性的一种强有力的工具，因此爱因斯坦很自然地延展了这个理念，将光量子也囊括进来。

在爱因斯坦使用的原子–光子简化模型中，平衡态意味着原子吸收的任何光子将很快被另一个原子发射的相同频率的光子取代，从高能态降至低能态的任何原子也将很快被吸收了一个光子，从而受激跃迁至高能态的新原子取代。在这种状态下，高能原子的数量和光强总的来说保持恒定。接下来要考虑的问题是：光必须具备哪些属性，才能使开始时处于某个温度的原子气体与光达到平衡态？

在一般的热力学环境中，我们通常发现，当系统的不同组分达到相同的温度时，系统就会处于平衡态。例如，如果将一块高温金属放到冷水中，一开始系统的状态会变化得非常快，金属冷却，水温升高。但是，一旦金属和水达到相同的不冷不热的温度，它们就会停止变化，实现平衡态。爱因斯坦思考的一个问题是：原子和光的混合物是否也如此呢？

我们已经了解到温度和光之间存在某种联系。根据普朗克的描述，黑体辐射的光谱只取决于温度。我们还可以利用两种方式给原子指定温度：第一种是我们熟悉的方式，即将温度定义为在气体中运动的原子的平均动能；第二种方式是用激发态原子的数量来反映温度。气体的部分热能可转化为原子的内能，例如，两个基态原子发生碰撞后，运动速度都减慢，其中一个处于激发态。对特定温度的原子气体来说，任意原子处于激发态的概率是温度的一个简单函数，这是由麦克斯韦和玻尔兹曼在19世纪末发现的。

爱因斯坦证实，如果某个温度的原子气体通过上述三种光子过程与光发生相互作用并达到平衡态，那么该系统中的光子数量（即相关波长的光强）与相同温度条件下普朗克黑体光谱公式的预测结果完全吻合。同样，如果一开始所有原子都处于最低能态，与之发生相互作用的光来自黑体辐射光谱，当系统达到平衡时，高能态原子的数量就会与我们预期在恰当温度的气体中找到的高能态原子的数量完全一致。

普朗克的黑体光谱量子公式是将量子概念应用于光的自然产物，这一事实为证明光子的存在提供了强有力的证据。当然，原子气体要与光达到平衡态，就必须通过吸收和发射光子改变原子的速度，从而改变平均动能。这反过来意味着单个光子必须携带动量，爱因斯坦的模型显示，光子携带的必要动量正好与他1905年提出的狭义相对论的预测结果一致，这证明光量子理论与另一个公认的物理学领域并不矛盾，并为光子概念提供了额外的证据支持。

几年后，亚瑟·霍利·康普顿（Arthur Holly Compton）通过X射线在撞击金属中的电子时的波长变化，直接观测到光子的动量。"康普顿散射"实验的观测结果，作为最终的有力证据之一，让关于光的粒子性之争盖棺定论，[①]康普顿也因此获得了1927年的诺贝尔物理学奖。现在，

---

① 后来的研究表明，康普顿效应也可以用半经典的光波模型来解释，但用光子来解释要简单得多。直到1977年，实验才无可辩驳地证明了光子是真实存在的粒子，不过我们无法通过经典的类比来讨论这个实验。

光子动量是激光致冷技术的一个必要工具：利用光散射减慢气体中原子的运动，产生温度不到绝对零度以上百万分之一度的超冷原子云。这些技术彻底改变了原子和分子物理学研究，因为科学家能以前所未有的精度测量这些缓慢运动原子的属性。1997 年的诺贝尔物理学奖由三位物理学家①共享，理由是他们在 20 世纪 80 年代早期研发出激光致冷技术。

　　爱因斯坦还利用他的统计模型指出，自发发射率、受激发射率和吸收率之间存在一种简单直接的关系。为了使光和原子的混合物达到平衡态，受激发射率和吸收率必须彼此相等，并且与自发发射率成正比。自发发射率高的原子也很容易吸收光，容易吸收光的原子受激后也很容易发射光。

　　1917 年，特定原子的精确自发发射率是不可能计算出来的，至少要等上 10 年，直到建立起完整的量子力学理论。但是，爱因斯坦发现的原子吸收光的难易程度与自发发射率（通常用被激发到特定能态的原子寿命来衡量）之间的关系，经受住了实证检验，而且非常稳定。该模型还预测，自发发射率会随发射光频率的增加而迅速增加。事实上，实验观测结果证明这个预测是正确的。②

　　爱因斯坦 1917 年发表的那篇关于光的统计特征的论文并不是他最著名的成果，但它是量子光学领域的一块重要的奠基石。今天，关于吸

---

① 1997 年的诺贝尔物理学奖得主是：斯坦福大学的朱棣文（Steve Chu，美国第 12 任能源部部长），巴黎高等师范学院的克劳德·科恩–坦诺奇（Claude Cohen-Tannoudji），我的博士论文导师、马里兰州国家标准与技术研究所的比尔·菲利普斯（Bill Phillips）。

② 这种相关性并不完美，即使是发射可见光的能态，也可能会因为其他某些效应而持续很长时间。同样，只有建立起完整的量子力学理论，我们才有可能对特定能态的持续时间做出完整的解释。

收、受激发射和自发发射的简单概率模型仍被用于预测光和原子气体之间的相互作用。为了致敬这篇论文，这些概率被称为"爱因斯坦系数"。对物理学整体而言，这篇论文最显著的影响或许是，它为说服物理学家承认光子的存在起到了关键作用。当时，就连尼尔斯·玻尔也不愿意接受光子概念，而偏向于一种更加经典的模型，其中发生相互作用的是离散原子态和光波。

但就本书而言，爱因斯坦1917年进行的光子研究中最重要的部分是，它引入了受激发射的概念。一个光子可以触发另一个光子的发射，这让激光器的制造成为可能，也对日常生活产生了巨大的影响。

激光的历史

像许多物理学家一样，查尔斯·汤斯（Charles Townes）在第二次世界大战期间一直致力于研究雷达这项新技术，它极大地改进了频率在光谱微波区的光的产生、控制和探测。战后，回归和平研究的物理学家开始利用这些新的微波源研究原子和分子的属性，描绘不同能态间的转换。这些研究引发了物理学的革命性发展。例如，威利斯·兰姆（Willis Lamb）和罗伯特·雷瑟福（Robert Retherford）发现，氢的两个应该完全相同的能态之间存在小的能量差异，这就是所谓的"兰姆移位"。为了解释这个现象，他们提出了量子电动力学（QED），它是最奇怪的科学理论之一，但也可以说是历史上得到过最精确检验的理论。[1]

为了将可研究的光的波长范围扩大到低于战时雷达研发使用的频率

---

① 量子电动力学是一套奇怪的理论，对日常生活不会产生太多影响，所以在这里我们不做深入讨论。

（或更长的波长），汤斯等人开展了一些微波波谱学实验，迈出了激光研发的第一步。较低频率之所以引起人们的关注，是因为许多分子吸收和发射的光都在光谱的低频区，这让汤斯突然想到利用分子本身产生微波的办法。

汤斯研制出激发态氨分子光束，并让其通过微波腔（一个带小孔的金属腔）。微波腔的大小取决于氨分子发出的微波波长。氨分子通过时发射的光子会在微波腔内欢快地弹来弹去，很长时间之后才会从小孔中逃逸。

就其本身而言，这个实验不太有趣，因为在这类波长条件下分子自发发射光子的概率相当小。但得益于受激发射过程，他们的装置起到了放大器的作用。受激氨分子进入微波腔后，可能会遇到早已在其中的光子，而且该光子的频率恰好（有可能）激发氨分子发射出又一个光子，这两个光子完全相同。之后进入微波腔的氨分子会在那里发现两个光子，受激发射的可能性由此增大。随着这个过程不断重复，光子的数量会不断增加。汤斯取"微波激射器"（Microwave Amplifcation by Stimulated Emission of Radiation）的英文首字母，将该装置命名为脉泽（MASER）。

汤斯的脉泽是一种比较强的微波源，产生的微波在极其狭窄的频率范围内。该装置遵循了爱因斯坦光子模型的逻辑，尽管爱因斯坦在他的论文中并没有考虑到这一点。在普通气体中，绝大多数原子都处于低能态，因此光子遇到受激原子并引发受激发射的情况相对罕见。但在脉泽中，汤斯使用的分子光束已被电流激发，也就是说，大多数分子都处于较高的能态，这种不寻常的排布叫作"粒子数布居反转"（population inversion）。它使得微波腔内的光子更有可能遇到受激分子，并引发受激发射。每个新光子的频率（以及运动方向、偏振性和其他光学属性）都与激发它的光子完全相同。而且，由于每个光子都能依次激发另一个相同光子的发射，因此这个过程会使光子的数量在十分狭窄的波长范围内呈指数级增长（1变2，2变4，4变8，以此类推）。[①]通过微波腔上的小孔，可以提取很小一小部分光，而且它的频率测量精度很高。氢脉泽是用于确定和传播原子钟时间的系统的一个重要组成部分，有助于保持铯原子钟的固有时间间隔。

完成脉泽的研发之后，汤斯开始与他的同事（也是他的妹夫）阿瑟·肖洛（Arthur Schawlow）等人讨论如何将这一基本理念扩展到光谱的可见光区域。最终，汤斯和肖洛成功地制造出"光脉泽"，但一个名叫戈登·古尔德（Gordon Gould）的研究生先于他们提出这个想法，并给该装置取了名字。在与汤斯的一次谈话后，古尔德在笔记本上写下了一些想法，[②]标题是"激光器：微波激射器"，这个名字沿用至今（尽管鲜少有人记得它是一个英文首字母缩写词），而其最初的名字"脉泽"已被人遗忘。

与脉泽一样，激光器的关键组分也是粒子数布居反转（即原子或分子内有大量与响应频率相关的高能态电子），以及让发射光子弹来弹去

---

① 需要注意的是，这不是一种平衡态。保持粒子数布居反转需要从其他来源不断输入能量（在汤斯最初的氨分子脉泽中，能量来源是氨分子光束）。如果没有反转，脉泽很快就会停止运行，系统稳定于平衡分布状态，大部分原子都处于低能态，黑体辐射场则处于某个适中的温度水平。

② 古尔德对他笔记本中记录这些想法的那页纸进行了公证，这张纸在帮助古尔德最终赢得几项关键的激光技术专利的案件中起到了至关重要的作用。为保证信息的完整性，我有必要指出古尔德是我任教的美国联合学院的校友。为向他致敬，学校的物理与天文学系设立了讲席教授。

并与这些原子相互作用的微波室。正如我们将在下文中看到的那样，相较于微波，为可见光准备这些组分的过程略显复杂，但一旦准备就绪，两者的运行机制就是相同的：微波腔内已有的光子会触发受激原子的受激发射，使光子的数量呈指数级增长。

从脉泽到激光器，需要克服的第一个技术障碍是，如何形成粒子数布居反转。能量与可见光的频率范围相对应的大多数激发态存在期都极短，很快它们就会（像爱因斯坦模型预测的那样）自发发射光子，并下降至低能态，因此让受激原子保持激发态并不是一件容易的事。然而，存在期长和更容易维持粒子数布居反转的状态则很难被直接激发（这也与爱因斯坦的理论预测一致）。人们一般采取间接激发电子的多级方案来解决这个问题。例如，氦氖激光器利用受激氦原子与等离子体中的氖原子相互碰撞的机会，将氦原子的能量传递给氖原子。与仅包含氖原子的等离子体直接形成的粒子数布居反转相比，这个间接过程产生的粒子数布居反转含有多得多的存在期较长且处于特定高能态的氖原子。等离子体中氦原子和氖原子的混合物，为激光器使用早期超市扫描器常用的红光波长提供了增益介质①。只要保持产生等离子体的电流，氦原子就会继续被激发并反过来激发氖原子，从而使激光器持续工作。

从脉泽到激光器，需要克服的另一个主要技术障碍和汤斯认为症结所在的地方是，如何构造能捕捉光子的微波腔。微波腔包含一个（几乎）全封闭的空间，四周是金属壁，它的大小与微波本身的波长相当（汤斯的脉泽通常使用大小为几厘米的微波腔），上面只有用于引入受激分子和提取光的小孔。这种设计不太适用于光波。即使在今天，制造一

---

① 现代系统使用的半导体二极管激光器比氦氖激光器小巧得多，使用的波长非常相似。

个只有几百纳米大小的全封闭微波腔也极具挑战性，在1957年则是根本不可能做到的事。

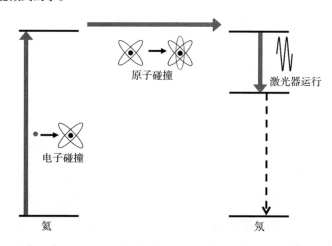

图 5-2　氦氖激光器的运行方案。氦原子通过与等离子体中的电子碰撞而被激发至高能态。氦原子和氖原子之间的碰撞将氖原子激发至一种存在期长的能态，从而形成制造红光激光器所需的粒子数布居反转

后来，人们又发现微波腔根本不需要全封闭，用两面彼此相对的镜子就可以使光子沿直线在镜子之间来回反射。这个洞见为发明工作激光器创造了条件，古尔德、肖洛和苏联物理学家亚历山大·普罗霍罗夫（Aleksandr Prokhorov）最终实现了这项发明。这种更开放的结构有充足的空间容纳大量原子或分子——有些气体激光的微波腔长达几米——也赋予了激光器一个定义特征：因为微波腔只能捕捉一条直线上的光子，所以激光器产生的光是单一的窄光束。（微波腔中的光只有很小一部分以光束形式发射出来，这是因为其中一面镜子的反射性不太完美，一小部分光子在反射到这面镜子上时透射而出。）

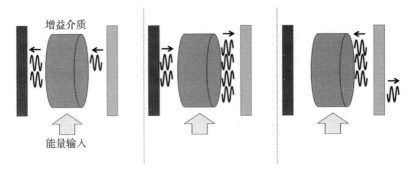

图 5-3　激光器中的微波腔和增益介质。一个从右向左运动的光子从增益介质中激发出第二个光子，然后两个光子被反射并从增益介质中穿过，变成 4 个光子。一小部分光子从其中一面镜子中透射出去，形成激光器的输出光束

"一个寻找问题的解决方案"

在开放式微波腔的概念就位后，实用型激光器的研发工作取得了进展。1960 年，贝尔实验室的西奥多·梅曼（Theodore Maiman）把铬原子掺到合成红宝石中，作为放大介质，制造出第一台工作激光器。这台激光器使用氙气闪光灯实现粒子数布居反转：突然闪现的明亮的白光脉冲将铬原子激发到高能态，其中一些铬原子在 5 毫秒（按照原子物理学的标准，这算很长时间了）后下降至某个能态。这会产生短暂的粒子数布居反转，从而形成短暂的激光脉冲。

接下来的几年里，许多其他类型的激光器被研制出来，使用的增益介质各不相同，从前文中描述的氦氖激光器使用的气体，到含有有机染料分子的液体（1966 年面世），再到固体激光器使用的半导体材料（第一台砷化镓激光器于 1962 年面世）。事实证明，半导体激光器特别重要，因为它们非常紧凑——大小与计算机芯片相仿——并且内置于各种消费

电子产品。如果你拥有CD（光盘）、DVD（数字多功能光盘）、蓝光播放器，抑或用来逗宠物的激光指针，你就会经常使用半导体激光器。

在激光物理学的早期阶段，这类设备被视为新奇但却没有多少实用价值的东西。梅曼的助手之一艾琳·德汉宁（Irnee D'Haenens）把激光称作"一个寻找问题的解决方案"，后来这种说法就流传开了。不过，寻找的时间并不长，在过去的50多年里，激光器解决的问题数不胜数。

在物理学领域，激光器是精密测量的重要工具。因为激光器中的光子是由受激发射产生的，它们完全相同，而这是灯光无法实现的。一些激光源可在一定的频率范围内调谐，用这样的激光器进行的光谱测量可以弄清楚原子吸收和发射光的特征频率，并精确到小数点后18位。激光器发出的光子都是同相的——波的角度说，这些光波的波峰和波谷都是一致的——因此激光传感器可以测量波长的一小部分范围内的位置变化。最能体现激光传感器的精确定位能力的例子是LIGO（激光干涉引力波天文台）。2015年，LIGO利用两台巨型探测器，对两个黑洞碰撞产生的引力波在传播过程中引起的微小时空伸缩进行了测量。引力波造成的两面反射镜之间的距离变化比单个质子的直径还小，而LIGO却清晰地探测到这个变化，并因此成为世界各地的头条新闻。

除了精确的物理实验，大多数的商业应用并不直接利用激光器的频率和相位特性，它们需要的只是一个明亮的光源。但是，即使对这些应用而言，受激发射产生的窄相位和扩频也必不可少，因为它们容许形成一个极其狭窄的光束。激光束的直径在传播过程中的确会变大，但增速非常慢。阿波罗载人登月飞行任务在月球表面留下了手提箱大小的反光镜阵列，40多年来，科学家一直在向这些反光镜发射激光，并通过测量往返时间确定地球到月球的距离，它正以每年3.8厘米的速度增长）。激光束的直径从发射时的 3.5 米增加到大约 15 千米，但这是它完成 77 万千米的往返旅程后的结果，所以用激光笔逗弄房间另一侧的宠物时，激光束看起来一点儿也没有变粗，这没什么好奇怪的。

在施工测量中使用的窄激光束可以在适度的距离范围内提供水平基准线，大大简化了楼层地面的施工工序。脉冲激光器还可以用于测量距离，其方法是测定脉冲传播至目标对象并反射回来的往返时间；这个方法也可用于测量移动物体的速度，这让许多喜欢开快车的司机懊恼不已。

窄激光束对木材和金属零件的精确切割技术而言也至关重要。较少的电流就能启动激光器，其产生的微小光斑足以烧焦大多数材料。激光器可通过透镜和反射镜进行操纵及调整，精确控制其位置，而且由于激光束没有物理切割面，因此它不会磨损，切割也就更均匀。一些医疗方案还利用激光器切割人体组织，其中最常见的是眼科手术，其他医疗领域也越来越多地用到了激光器。在用激光器切割组织时，局部温度非常高，这显著地减少了术中出血量。

激光器解决的问题数不胜数，上述应用只是其中的很小一部分，但仅凭这些应用，激光就足以跻身主要和重要技术的行列。不过在当今世界，激光最重要的用途是在包含互联网的现代通信领域发挥的支柱作用。

激光之网

在本章的前半部分，我们讨论了光纤网络给电信领域带来的巨大好处。就衰减率而言，沿玻璃纤维传送的光脉冲远低于沿铜导线传送的电脉冲，因此前者可进行更可靠、带宽更高的远距离通信。而且，没有激光的话，现代光纤技术就不可能实现。激光束必须非常细，因为光纤通常只有人的头发丝儿那么粗，纤芯的宽度则是整根光纤的1/10。把激光耦合到如此细的纤芯中，是一件非同小可的事。[①]若采用任何非激光光源，这个系统就都不可能存在。

在提高带宽方面，激光的窄波长和扩频使光纤通信具备更大的优势。前文说过，多根光纤可以捆绑在一起，而且不存在像铜导线那样的"串扰"或信号泄漏等问题。更重要的是，即使单根光纤也可以同时传输几种不同的信号，方法是用波长略有不同的激光器对这些信号进行编码。这些激光束在进入光纤之前被组合在一起，在接收端又被分开。一根光纤可以同时传输大约20种信号，这大大提高了电信网络的承载能力。

尽管最早的计算机网络是通过铜导线传输信号的，但如果没有20世纪80年代光纤通信技术出现后带宽发生的爆炸式增长，以流式视频和社交媒体上不计其数的可爱猫照片为特征的现代互联网就是不可想象的。1987年，第一条跨大西洋光纤电缆可以同时传输4万个电话，是铜导线的10倍。最新的跨大西洋光纤链路于2017年建成，传输数字数据的速度为160万亿比特/秒，是1987年的光纤电缆的50多万倍，是1858年的第一条跨大西洋电报电缆的1 000万亿倍以上。

2016年全球互联网上每月传输的数据量大约是2000年全年的1 000倍，构成这个网络的几乎所有远程连接都是由光纤传输的激光脉冲实现的。因此，下次你登录互联网并欣赏朋友从另一个大陆发来的婴儿照片时，请记住，你最应该感谢的是爱因斯坦、统计学以及光和原子的量子性。

---

① 在我的研究实验室里，有时我们需要通过光纤把激光从一个地方传输到另一个地方，在调制几个小时之后才能让一半激光通过，这种情况屡见不鲜——这的确是一个艰苦的过程。当然，模块化电信系统大大简化了这个过程，一些电信系统使用的激光器直接嵌在特殊光纤中，它们背后是工程技术人员长达几十年的努力。

第 6 章

气味：泡利不相容原理与电子的波动性

茶还有点儿烫，无法入口。我一边等着它冷却下来，一边**品味着**飘过来的阵阵**茶香**……

在气味探测方面，人类并不出众，尤其无法与我们动物王国的朋友相提并论，它们的大脑有相当一部分是用来处理气味的。不过，虽然我们的鼻子多少有些令人失望，但嗅觉于我们仍有着强大的影响力，尤其是在饮食方面。煮熟食物的气味是饮食体验的重要组成部分，没有气味的提示，物质的表观味道就会有所不同。堵住鼻子品尝不同的蔬菜是科学展览会的一项主要内容。如果你闻不到气味，就很难区分出苹果和土豆，真令人惊讶。

探测气味时，从物体上飘出的小分子到达并触发鼻子里的受体，这是一个复杂的化学过程。如果深入挖掘细节，就会立刻遇到大量令人生畏的化学名称（例如，"2–乙基–3，5–二甲基吡嗪"是让咖啡散发出浓郁香气的分子之一），还有关于精确机制的模型，用于展示鼻子中的气味受体到底是如何给我们带来嗅觉体验的。这是一个极其复杂的研究课题，科学还未对其做出充分的解释。

可以肯定的一件事是，在最深层的层面上，气味的探测过程本质上是量子化的。气味分子的化学性质（我们已知的所有化学性质）根源于一种非常奇怪的量子现象，具体来说，它就是被称为"自旋"的奇特属性。

气味的作用原理

人类（以及大多数其他动物）的嗅觉的工作方式与第3章中讨论的色觉系统相似。进入我们鼻孔的小分子与鼻子里特定的"嗅觉受体"分子形成化学键，这些受体又与鼻腔上方的个体神经元相连。气味受体与空气中的分子结合后，就会触发神经元向大脑发送信号，大脑从所有不同的神经元处收集信号，然后将这些信号加工成我们通过鼻子感知的气味。

不过，气味的感知要比颜色的感知复杂得多。人类的视网膜只包含三种色觉细胞，每种色觉细胞都对相当宽的波长范围的光敏感；而人类的鼻子包含几百种嗅觉受体神经元。[①]特定的气味分子进入鼻子后可同时触发几种受体，不同的受体组合代表不同的气味。我喜欢的茶会触发一组受体（比如，3号、17号和122号），而坐在我旁边的人的咖啡则会触发另一组受体（比如，3号、24号、122号和157号）。其中有的神经元相同，但组合而成的结果不一样，感知的气味也因此迥然不同。

受体的种类多，可感知的气味自然就多。色觉研究表明人类能够分

---

① 人类的气味受体神经元确实有很多种，但相较于我们同类的哺乳动物来说并不多。某些动物的鼻子中有多达1 000种不同的气味受体。

辨几百万种有细微差别的颜色，而根据近期的估计，我们能够探测到的气味组合数量多达1万亿。

嗅觉和视觉的另一个区别是，气味受体的触发机制仍然是一个争议性话题。人们对色觉这个光子吸收过程的理解已经相当充分，在这个过程中，光粒子触发分子的能态转变，进而激活神经元发出信号。每个被探测到的光子都可以完全由单一频率来描述，使得眼睛中的光敏细胞的响应清楚明确，易于预测。

嗅觉依靠化学过程来探测分子，这些分子的内部结构可谓千变万化，有时它们彼此之间的差异很微妙。从特定元素原子数的角度看，两个组成相似的分子在这些原子的排列方式上有可能存在差异，而且这些结构差异有可能形成截然不同的属性。比如，一个分子是由一个氧原子、两个碳原子和6个氢原子构成的。如果两个碳原子位于氧原子的同一侧，它就是乙醇，室温条件下呈液态，是酒精饮料的活性成分。如果把氧原子放在两个碳原子中间，它就是二甲醚，室温条件下呈气态，在气溶胶喷雾剂中用作推进剂。

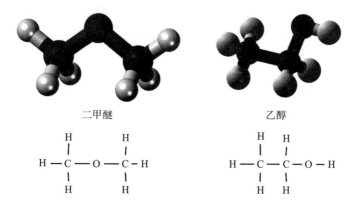

图6-1　二甲醚和乙醇的三维结构图。这两种迥然不同的分子有着完全相同的化学式

我们鼻子里的气味探测系统可以捕捉到原子排列方式中的一些细微变化，因此即使化学成分相似的分子也会让我们感知到大不相同的气味。关于鼻子中的受体分子如何区分不同分子的问题，历史上有两种竞争性理论。其中较为流行的是"形状理论"，它认为，不同类型的受体分子会对被探测分子中原子的三维排列方式做出响应；而"振动理论"则认为，受体分子通过分子的运动方式来区分目标分子，特定分子内原子的振动频率受该分子的特征频率及其原子排列方式的影响。振动理论的支持者认为，如果原子在特定的频率范围内振动，就会触发特定受体。

这两种理论都不是十分成功，虽然它们都能很好地解释一些实验结果，但却解释不了其他实验结果。最终人们发现，想要全面解释气味探测，需要把两者结合起来，即有些受体主要感知形状而有些则主要捕捉振动。

不过，这两种理论都是完全量子化的。特定分子的振动频率和分子本身的形状取决于分子的三维结构，而分子的三维结构是由电子的量子行为决定的。电子的量子行为完全支配着原子的结合方式，比如，一个特定原子可以跟多少个其他原子结合，化学键的强度如何，化学键之间的角度多大，等等。

要解释这些化学键，我们需要更深入地研究电子的行为，而不只是依靠玻尔模型。我们还需要引入一种在经典物理学中找不到类似物的全新属性。我们将看到，这种新属性对广泛的日常现象而言必不可少。不过，在它隆重登场之前，我们需要先简要回顾一下化学的历史和原子的分类。

元素周期表

大家都非常熟悉元素周期表——近似长方形的方框阵列，左右两端有塔状突起——是帮助我们识别科学教室的最可靠的视觉标志之一。

我们知道，元素周期表在很大程度上要归功于俄国化学家德米特里·伊万诺维奇·门捷列夫（Dmitri Ivanovich Mendeleev）。1870年前后，正在编写一本教科书的门捷列夫决定绘制周期表，作为该教科书的组织框架。他发现，当已知元素按原子质量递增的顺序排列时，它们的属性就会表现出某些循环模式。例如，高活性碱金属（锂、钠、钾）的质量分别相差16~17个单位，碱土金属（铍、镁、钙）亦如此，每种碱土金属比其对应的碱金属重1~2个单位（铍的原子质量为9个单位，与它对应的锂原子质量为7个单位；镁的原子质量是24个单位，而钠是23个单位，等等）。当按质量排序时，这些元素就会形成我们熟悉的行和列。化学性质相关的元素，在原子质量较轻时每隔8个元素就会再次出现，而在原子质量较重时的间隔是18个元素。更重要的是，门捷列夫利用表中的空位，预测了一些当时未知元素的性质。后来发现的钪、镓和锗等元素，其属性与门捷列夫的预测一致，他因此拥有了周期表发明者的美誉。[①]

不过，与19世纪末的许多科学突破一样，门捷列夫的周期表也有一个难以摆脱的问题。不可否认，他发现的这种周期性关系的确存在，但

---

① 　法国地质学家尚古尔多阿（A. E. B. Chancourtois）和德国化学家尤利乌斯·洛塔尔·迈耶尔（Julius Lothar Meyer）也提出了已知元素的周期分类法，但门捷列夫是唯一一个利用周期表中的"空位"来预测新元素的人，因此发明现代元素周期表的大部分荣誉都落到了他的头上。

没有人知道事情为什么是这样。一些小的迹象表明，他对这种周期律的理解是不完整的，尤其是碲和碘。从化学的角度说，在门捷列夫的周期表上碲应该属于碘之前的那一列——它的属性更像硫黄，而碘的属性则与溴更类似——但它的原子质量又大于碘。门捷列夫当时认为碲的原子质量测量有误（铍和其他一些元素也发生过类似问题），但进一步的实验证明碲的确比碘重。碲碘问题说明，原子质量只是原子序数的替代值，这个问题直到40年后才得以解决。

门捷列夫周期表的一个主要属性是"化合价"，即特定元素的原子能与其他原子形成的化学键的数量（这种说法不是特别严谨）。从19世纪早期开始，基于英国化学家约翰·道尔顿（John Dalton）和意大利化学家阿莫迪欧·阿伏伽德罗（Amedeo Avogadro）的研究成果，化学家发现，在简单的分子中，不同元素是按照固定的比例结合在一起的。例如，两个单位的氢与一个单位的氧结合成水，三个单位的氢与一个单位的氮结合成氨。这种"比例定律"是支持现代原子论的最有力证据之一。随着时间的推移，人们在此定律的基础上提出了元素的最大键数的概念，门捷列夫周期表的特定列中的所有元素的这一属性都相同。因此，第一列中的所有碱金属都能形成一个化学键，而第14列中的碳和其他元素（硅、锗、锡、铅）则分别可以与其他4个原子形成4个化学键。就像其他化学性质一样，对于质量较轻的原子，化合价每隔8个元素重复一次，而质量较重的原子则每隔18个元素重复一次。

在门捷列夫发明元素周期表后的几十年里，许多发现都为原子基本结构的相关研究提供了线索，原子的周期性行为由此凸显出来。在门捷列夫构建他的周期表时，电子尚未被发现。随着1897年电子被证明是原子内部的一种粒子，物理学家和化学家开始考虑电子在化学键形成过程中发挥的作用。在卢瑟福的太阳系原子模型中，原子的外层是由旋转电子构成的，这表明这些电子和化学键数目之间存在某种联系。尼尔斯·玻尔的有限容许轨道模型引出了"电子壳层"的概念，并认为每层能容纳的电子数都是有限的。在美国化学家吉尔伯特·路易斯（Gilbert Lewis）于1916年前后绘制的电子层结构图中，化学键是通过电子的交换或共用形成的，目的是为每个原子提供填满电子的壳层。

电子在原子内部的排列方式也被证明是解决门捷列夫周期表中原子排序问题的关键。在玻尔模型中，电子轨道的能量是由电子与原子核之间的电磁相互作用决定的，这种相互作用随着核电荷数的增加而增强。卢瑟福的学生亨利·莫塞莱（Henry Moseley）在研究特定元素发射的X射线时，证实了电荷和能量之间存在这种关系。虽然任何元素发出的X射线的整体模式都相当复杂，但莫塞莱发现，每种元素发出的X射线的最长波长都遵循一个简单的模式——元素在周期表中的位置越靠前，其波长就越短（频率越高）。玻尔的原子模型把这些X射线解释为多电子原子在两个最低能态间转换的结果，并预测这些X射线的能量取决于核电荷数的平方，这与莫塞莱的数据完全吻合。

莫塞莱对尽可能多的物质进行了系统研究，他发现，对在周期表中位置明确的所有元素而言，测得的能量都与玻尔模型的预测高度匹配。这表明通过X射线光谱就可以直接确定核电荷数（即质子数），这还表明在周期表中给原子排序的正确方法是依据核电荷数，而不是原子质量。莫塞莱的发现揭开了碘、碲等元素"次序颠倒"的秘密，即依据化学性质排序不同于依据原子量排序，碲有52个质子，必须排在有53个质子的碘前面。因为原子质量的很大一部分源于质子，所以核电荷数通常与原子质量密切相关，但两者并不完全一致。碲多出来的质量来自一个中子，直到1932年这个粒子才被卢瑟福的另一位同事詹姆斯·查德威克（James Chadwick）发现。

　　莫塞莱秉承了门捷列夫的思想，并利用他的研究结果，在周期表中寻找需要由新元素填充的"空位"。后来，这些新元素相继被发现，包括43号（放射性元素锝）、61号（放射性元素钷）、72号（铪）和75号（铼）。遗憾的是，莫塞莱在有生之年未能看到他的研究得到证实，因为他在1915年8月的加利波利战役中阵亡了。[①]

　　莫塞莱确立了一种测量原子核中带正电荷的质子数的方法，对电中性的原子来说，原子核中必须有等量的电子电荷来平衡质子电荷。到20世纪20年代初，人们已经十分确定元素的化学性质是由电子壳层决定的，每个电子壳层可容纳的电子数都有上限，而且这些电子携带的能量相等。壳层与周期表的行数有关：第一也是最里面的壳层最多可容纳两个电子，对应的元素是氢和氦，它们各自只有一个壳层，分别有一个电子和两个电子；接下来的两个壳层可分别容纳8个电子，构成了周期表的第二行（锂、铍、硼、碳、氮、氧、氟和氖）和第三行（钠、镁、铝、硅、磷、硫、氯和氩）；再接下来的两个壳层分别含有18个电子，之后的两个壳层则分别含有32个电子。

　　电子壳层的概念自然而然地与玻尔的离散原子态的概念建立了联系，但这仍然无法解释为什么玻尔模型的定态会限制电子壳层能够容

---

① 尽管许多朋友和同事都极力想把他留在实验室里，但莫塞莱觉得他有责任参加战斗，第一次世界大战于1914年爆发后，他应征入伍。在他死后，卢瑟福等人建议应从这一悲剧中吸取教训，让有前途的科学家远离前线，以技术和科研能力报效国家。这一主张无疑为第二次世界大战期间的大规模科研工作奠定了基础，并推动了雷达和原子武器的研发。

纳的电子数，更不用说观察发现的各电子壳层可容纳的最大电子数序列了：2，8，8，18，18，32，32。一些物理学家试图将其与几何学联系起来，指出8是立方体的顶点数，但很快就发现这行不通。要理解化学结构的起源，仅靠最初的玻尔模型是不够的，还需要进行深入挖掘。

从"旧量子理论"到现代量子力学

科学界有一个古老的笑话，说的是一位奶农向一位理论物理学家咨询如何让他的奶牛多产奶（这种做法本身就是一个笑话）。几天后，这位物理学家宣布他找到了一个办法。兴奋的奶农静心聆听，结果一开始就听到物理学家说，"首先，我们假设有一头球形奶牛……"

就像大多数古老的笑话一样，这个笑话也很有趣，因为它捕捉到了某些真实的东西——物理学家思考问题的方式。在用物理学方法解决任何问题时，第一步都是将问题尽可能地简化，即使是像奶牛这种复杂的物体，也会被当作光滑的球体来处理。如果一切顺利，物理学家就可以运用这种方法建立简单的普遍性原则，阐明自然界的深层运作机制。当然，这种极其简单的模型常常会忽略一些细节（比如，奶牛显然不是球形），需要后期细化才能反映现实世界的复杂性。物理学家的技能之一就是从球形奶牛开始，然后尽可能少地添加复杂因素，最终形成能可靠地描述真实宇宙的最简单的模型。

玻尔的氢原子量子模型是传统意义上最好的"球形奶牛"。它通过提出一个极其简单的基本原理解决了一个突出的问题，但它只考虑了最简单的可能情况：电子的轨道是标准的圆形。这个圆形轨道模型足以让玻尔把氢的谱线模式解释为氢原子在一组能态间转换的结果，这些能态的能量可以用单一的"量子数"n来描述。但是，最初的玻尔模型无法捕捉到真实原子的全部复杂性，比如，氢的"精细结构"（氢的一些谱线成对出现，它们彼此的间距非常小），或者当氢原子被放置在磁场中时一条谱线可分裂成多条。

总的来说，玻尔模型显然是正确的，但它需要通过添加其他能态进行扩展，从而将其他复杂因素考虑进来。而且，圆形轨道这个假设容易遭到攻击。在玻尔模型于1913年问世后的几年时间里，阿诺德·索末菲发现了一种表达玻尔的量子化条件的新方法，它允许椭圆形轨道的存在。在这种情况下，电子的允许能态变得更加丰富，而且每种状态都可以用三个整数描述：玻尔的n，以及两个新整数l和m。[①]这些新"量子数"在取值方面受到严格限制：l一定小于n，m的取值范围在最大值$+l$和最小值$-l$之间。

在物理学术语中，l表示椭圆轨道的偏心率（l越大，轨道就越圆），m表示轨道的倾斜度。对于给定的n和l，m的最大正值对应于俯视时可以看到电子沿圆形轨道逆时针旋转，而m的负值则对应于电子的顺时针旋转。当$m=0$时，轨道是一个竖立的圆，电子沿该轨道上下旋转。

玻尔-索末菲原子模型在"旧量子理论"中占据主导地位，将玻尔模型的单一容许能态变成了一组能量十分相似的能态。事实证明，要解释最初的玻尔模型无法解释的现象，恰恰需要完成这样的转变。玻尔-索末菲模型的最成功之处也许在于，它可以解释氢的精细结构。索末菲的第一个原子模型发现能量只取决于玻尔的原始量子数n；但在他把爱

---

① 用l和m来表示这两个新整数有点儿背离历史，玻尔-索末菲理论中使用的真正数字有不同的名称，而且是相互关联的。但在现代量子理论中，与之类似的量是l和m，为简单起见，我选择使用更现代的符号，并在后文中给出正确的解释。

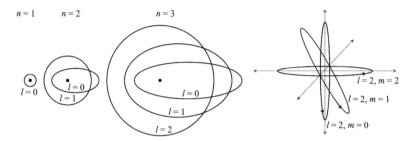

图 6-2　玻尔-索末菲模型中的电子轨道。左图中的轨道展示了 n 和 l 发生变化时的效果。右图展示了 $n = 3$，$l = 2$ 时的三条轨道，从中可以看出轨道倾斜度随 m 值的变化而变化

因斯坦的狭义相对论整合到他的模型中后，他又发现有一个小能量移位取决于量子数 l。电子运动的速度非常快，接近光速的 1%，以至于计算它们的能量时必须考虑其相对论性。在圆形轨道上，电子的速度保持不变，但在椭圆轨道上，电子的速度有快有慢，所以它的（相对论性）动能会发生变化。在 $n = 2$ 的能态下，两个不同 l 值的移位与精细结构的分裂相吻合。

但是，即使在加入相对论后，量子数 m 对孤立原子中的电子能量也没有任何影响：它的作用是描述当原子被置于磁场中时的能量变化。旋转电子可被视为微型电流回路，其行为就像一个由轨道方向确定北极方向的电磁体。当被置于磁场中时，处于最大能态（m 值最大）的逆时针旋转的电子能量将略有增加，而处于最小能态（m 值最小）的顺时针旋转的电子能量则略有减少，当 $m = 0$ 时电子能量保持不变。m 值之间的这种分离可以解释"塞曼效应"，即磁场可将一条谱线分裂成三条间距很近的谱线，而且该间距随磁场强度的增加而变大。至少在一定程度上，玻尔-索末菲模型可以解释普通的塞曼效应，但不能解释谱线一分为二的"反常塞曼效应"，后者一直是一个令人头疼的问题。在一个有名的

故事中，沃尔夫冈·泡利与他的一位同事在街上偶遇，这位同事问泡利为什么他看上去闷闷不乐，泡利答道，"当一个人在思考反常塞曼效应的问题时，他怎么可能快乐呢？"

无论是在玻尔–索末菲模型还是在现代量子力学中，添加 l 和 m 值的最终结果都是，原子有一组"简并"态[①]电子，其 n 和 l 值完全相同，因此能量也完全相同。氢的基态只有一个能级，其中 $n = 1$，$l = 0$，$m = 0$。当 $n = 2$ 时，有 4 个能态：一个能态为 $n = 2$，$l = 0$，$m = 0$；另外三个能态为一组，其中 $n = 2$，$l = 1$，m 的值分别为 -1、0 和 $+1$，并且这三个能态的能量完全相同。当 $n = 3$ 时有 9 个能态：第一组只有一个能态，第二组有三个能态，第三组有 5 个能态。以此类推。

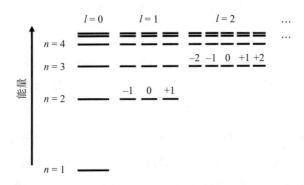

图 6-3　玻尔–索末菲模型的简并能级，展示了能量几乎相同但 n、l 和 m 值不同的能态

这表明，简并能级与被用来解释化合价的电子壳层之间存在某种联系，但简并态的数量（1，1，3，1，3，5，…）并不符合元素周期表的模式（2，8，8，18，…）。人们也不清楚电子如何以及为什么应该分布

---

① 术语"简并"来自数学，并不含有对"同居"电子的道德判断意味。

在这些能态之间，而不是全部聚集在能量最低的轨道上。

1924年，曾是索末菲学生的沃尔夫冈·泡利通过大胆探索，解决了这些难题。在费尽力气弄明白玻尔–索末菲原子的各种能态之后，泡利意识到，有一个简单的技巧可以将电子容量序列（2，8，8，18，…）缩减为一个数字：1。

泡利不相容原理与电子壳层

泡利从小就被视为物理学天才。泡利从慕尼黑大学获得博士学位时只有21岁，此后不久他又写了一本关于爱因斯坦相对论的综述性著作，长期以来它一直被奉为该领域的权威作品。在整个20世纪20年代，他对量子力学的发展起到了至关重要的作用，不仅做出了直接贡献，还成为研究量子物质的物理学家间的通信网络的关键节点。在量子理论刚被提出时，泡利、玻尔、沃纳·海森堡（Werner Heisenberg）、马克斯·玻恩（Max Born）和其他许多人之间的书信往来，是物理学家交流和完善相关概念的重要渠道。

泡利的博士论文是在玻尔–索末菲模型的"旧量子理论"背景下，试图描述氢分子离子——两个氢原子结合成一个分子，但缺少一个电子——的一次不成功的尝试。这一失败是驱使物理学家走向新量子力学的主要因素之一，因为它让他们相信，明确定义电子轨道的范式一定有问题。不过，关于原子和分子结构问题的深入研究，为泡利在物理学领域做出巨大的直接贡献提供了灵感。

考虑到 n、l 和 m 可以组合出众多电子态，泡利发现只要添加第四个量子数（这个量子数只能取两个值），电子壳层可容纳的电子数就都能得到解释。这个双值量子数被称为s，它使独特状态的数量加倍，再引入一个新原理（由n、l、m和s的特定组合定义的每种量子态，能且只能容纳一个电子，这就是"泡利不相容原理"），就可以轻易地解释电子壳层的容量问题了。

因此，处于最低能态的氢，其唯一一个电子在最低的玻尔–索末菲层（$n=1$，$l=0$，$m=0$）上。氦原子的第二个电子，n、l、m的取值与氢的电子相同，因此能量也相同，但它的第四个量子数取的是另一个可能值。锂原子的前两个电子占据了相同的两个能态，因此第三个电子别无选择，只能进入更高的能态（$n=2$，$l=0$，$m=0$）。铍原子的电子占据s取另一个值的相同能态，因此硼原子的最后一个电子需要进入$n=2$，$l=1$的三重能态（能量略高于$n=2$，$l=0$，$m=0$的能态）。周期表上的其他元素以此类推。

泡利不相容原理和玻尔–索末菲模型的简并态，有助于我们从电子壳层的角度解释化学键，以及原子如何形成分子。元素周期表最左一列的碱金属的最外壳层中只有一个电子，而且它们很容易失去这个电子，因此它们非常活泼。沿着这一列由上向下，碱金属的反应性不断增强（如果把锂放到水中，它会发出轻微的嘶嘶声，但如果把铯放到水中，则会引发剧烈爆炸），这是因为原子越重，其外层电子与原子核的距离就越远，结合得就越松散。卤素位于周期表的右数第二列，其最外壳层可以容纳8个电子，但那里往往只有7个电子，这意味着它们会急切地从任何其他原子处夺取一个电子来填补这个空穴。质量越轻的卤素越活泼（氟是最让化学家害怕的物质，而碘性质温和，可用作防腐剂），这是因为它们试图填充的壳层结合得也越紧密。

碳位于元素周期表的中部，$n=2$，$l=0$的电子层被填满了，但可以容纳6个电子的$n = 2$，$l = 1$电子层中只有两个电子。所以，每个碳原子最多可以形成4个化学键，它也因此成了一种"多才多艺"的元素。碳原子可以构成各种各样的有机分子，给我们的食物带来不同的气味和口味。不过，碳原子形成的化学键很弱（它需要获得或失去4个电子，才能使外层充满电子，化学键对它而言并不重要），因此有机分子比较容易被打破重组。碳化学成为所有已知生命的基础，原因也在于此。硅在元素周期表中排在碳的正下方，每个硅原子也可以形成4个化学键，常有人认为它是另一种生命元素。但是，硅形成的化学键略强于碳，也许正是出于这个原因，硅基生物仅存在于科幻作品中。

电子的自旋和内禀角动量

泡利引入一个特定元素来解释神秘现象的大胆提议，非常符合普朗克、爱因斯坦和玻尔的一贯做法。[①]就像之前的那些想法一样，泡利不相容原理也是一个优雅的概念：每个能态只能被一个电子占据，这是一条界定明确的法则，可以轻松解释许多物理现象。当然，和其他概念一样，它也缺乏显见的物理论证。也就是说，电子并不具有可与量子数s的两个可能值对应的显而易见的属性。但是，后来人们发现，这种物理属性早在两年前（1922年）就已经被观测到了，只不过当时实验者不明所以。

奥托·施特恩（Otto Stern）和瓦尔特·格拉赫（Walther Gerlach）是

---

① 1930年，泡利再次运用这个方法做出了一个"可怕之举"。为了解决我们在第1章讨论过的原子核β衰变的相关问题，他提出存在一种"无法探测"的粒子——中微子。

法兰克福大学的年轻研究助理，他们受到启发，利用银原子的磁性来测试量子原子理论。在玻尔-索末菲模型中，银原子的最低能态是一个电子以一个单位的角动量在圆形轨道上运动。前文中说过，这相当于一个微型电流回路，它把原子变成了一个小的电磁体，其北极指向一个由 m 值决定的方向。

施特恩对玻尔模型心存疑虑，并意识到"空间量子化"应该可以验证他的怀疑。轨道运动的两个方向使原子具有两种可能的磁态，如果这样的原子束通过一个在空间中变化的磁场，取向不同的原子就会分开。在磁场的作用下，其中一种取向的原子能量减少，所以它们被拉向磁场最强的区域；而另一种取向的原子能量增加，因此它们被推向远离磁场的地方。为了验证这一猜想，根据施特恩的设计，格拉赫将一个热烤箱放在真空室中，利用从烤箱上的一个小孔中发射出的银原子束做了一个实验。他们让原子束从锥形磁体的两极间通过并投射到玻璃板上，然后观察沉积下来的银原子形成的图像。经过一年多的艰苦实验，他们终于得到了他们想要的结果：在磁体的作用下，银原子束一分为二。施特恩说，当他们看向第一块玻璃板时，什么也没看到，直到他朝着玻璃板呼了一口气，沉积下来的银原子因为变暗而可见。他将其归因于银原子与他抽的廉价雪茄中的硫发生了反应，作为一名年轻的助理教授，他的薪水买不起更好的雪茄。兴奋的格拉赫给玻尔寄了一张明信片，祝贺他的理论得到证实并附了一张实验数据的照片。

但是，物理学界对施特恩-格拉赫实验的反应与其说是欢欣鼓舞，不如说是困惑不解。虽然轨道有不同方向的想法可以理解，但他们不清楚为什么原子会在"向上"和"向下"这两个方向上平均分布，而不是在所有方向上随机分布，在后一种情况下，原子束应该弥散开，而不是一分为二。玻尔–索末菲量子模型经过更精细的处理后，也预测出原子束在磁体内部应该分裂成三束，对应于 m 的三个不同值。施特恩与格拉赫在设计他们的实验时忘记考虑 $m = 0$ 的状态了。如何解释施特恩–格拉赫实验能且只能产生两个原子束，是一个大难题。

但是，只有两个可能值的量子属性正是泡利不相容原理需要的。1925 年，两位荷兰物理学家乔治·乌伦贝克（George Uhlenbeck）和塞缪尔·古德斯米特（Samuel Goudsmit）提出了现代解释：电子就像旋转的小球一样，具有内在的角动量，而且这种"自旋"只能取两个值，即传统意义上的"向上"和"向下"。自旋角动量还使电子具有某种磁性，让泡利头疼不已的"反常塞曼效应"就是其具体体现。当处于 $l = 0$，$m = 0$ 能态的原子被置于磁场中时，其中一个自旋态的能量增加，而另一个自旋态的能量减少，这使得与自旋态有关的谱线一分为二。这种能量移位就是导致施特恩和格拉赫的银原子束（其最外层电子恰好处于 $l = 0$，$m = 0$ 的能态）一分为二的原因。

自旋角动量有一些不同寻常的属性。所有其他量子数都是整数，但电子自旋的量值是玻尔模型所用角动量的基本单位的一半，也就是说，量子数 s 的值为 $s = 1/2$ 或 $s = -1/2$。值得注意的是，可能值中没有 0，这意味着电子永远不会停止自旋，也不会绕垂直于测量轴的轴旋转。自旋角动量的物理性质无法用经典的方法来解释，在乌伦贝克和古德米斯特发表他们的理论的几个月前，泡利否定了访问博士生拉尔夫·克罗尼格（Ralph Kronig）提出的一个类似想法，他的理由是，电子的质量和尺寸都非常小，如果电子真的是带电的旋转小球，其表面的点就必须以许多倍于光速的速度运动，才能产生必需的角动量。泡利是出了名的尖酸刻薄，对他觉得站不住脚的理论，他总是毫不避讳地表示反对。克罗尼格的自旋提议遭到驳斥，泡利的评价是，"你的想法很聪明，但显然与现实毫无关系"。依据泡利的标准，这个说法算是比较温和的，他最著名的批判是"这连错误都算不上"。

就像光的波粒二象性一样，自旋这种奇怪的行为最终也成了新兴的量子物理学的必要的基本属性。电子并非真正的带电旋转小球，但它就像带电旋转小球一样具有内禀角动量，这也正是电子的运行方式。电子永不停止自旋的性质是一种奇怪的状态，但它恰恰是解释施特恩–格拉赫实验所需的东西。

转变了最初对自旋的怀疑态度后，泡利在运用矩阵对自旋进行数学描述方面发挥了重要作用。1930年，英国理论物理学家保罗·狄拉克（Paul Dirac）最终证明电子自旋是把量子力学与爱因斯坦的狭义相对论结合起来的必然结果。不过，早在狄拉克提出完整的理论之前，电子自旋和泡利不相容原理就已经因为解释了非常多的现象而不得不被人们接受，尽管它们看起来怪诞甚至无法解释。

从轨道到导波再到概率

除了过于简单（就像一头"球形奶牛"）之外，玻尔模型的另一个突出问题是，容许轨道的量子化条件似乎有点儿随意。也就是说，为什么一开始就只允许整数倍的角动量呢？索末菲对该理论的扩展使轨道的种类更加丰富，但对原子内部电子的某些物理属性的描述仍缺乏令人信服的基础。

朝着这个问题的答案迈出第一步的人，是出身贵族家庭的法国研究生路易·德布罗意（Louis de Broglie），他发现新兴的量子理论中关于光的性质的另一个分支与该问题存在某种联系。德布罗意在他的博士论文中指出，光和物质之间有一个相似之处：如果光波具有粒子性，那么像电子这样的粒子或许应该有缔合波，而且就像光的波长和动量之间一样，电子与缔合波之间也存在反比关系；因此，如果电子的动量加倍，波长就应该减半。按照他对波的描述，玻尔–索末菲量子模型具有明显的物理意义：如果跟踪电子波在主量子数为 n 的"定态"轨道上运行一周，当回到起点时，波已经振荡了 n 次。所谓容许轨道，是指电子波在围绕这些轨道运动时会形成一种驻波模式，就像第 2 章中用来建立黑体辐射模型的光的驻波模一样。

提出电子波的概念是一个极其大胆的举动，一个广为流传的故事是：德布罗意的博士学位评定委员会不知道该如何评判他的论文，直到爱因斯坦应邀加入并宣称这是"破解物理学最难谜题的第一道微弱的希望之光"。幸运的是，它也是一个非常容易验证的概念，几年后直接实验证据就出现了。美国的克林顿·戴维森（Clinton Davisson）和莱斯特·革末（Lester Germer）观察到，经镍晶体反射的电子束产生了波衍射现象，这完全是一个意外发现。在他们进行实验的过程中，由于真空系统破裂，空气氧化了他们的镍样品。为了清洁镍样本的表面，他们对其进行高温加热，使其部分融化。冷却后，这些镍变成了大得多的晶体，在实验中引发了更明显的（因此也更容易观测到的）衍射峰。几年后，出访英国的戴维森惊讶地听说马克斯·玻恩引用他的古怪实验作为电子波动性的证据。后来的实验证实了这种解释，而且因为发现了电子的波动性，戴维森与英国阿伯丁大学的乔治·汤姆森（George Thomson）分享了 1937 年的诺贝尔物理学奖。汤姆森观察到的是电子穿过油脂薄膜后发生的衍射，他的父亲因为证明电子是一种粒子而获得了 1906 年的诺贝尔物理学奖。可以想象，汤姆森家的餐桌交谈肯定很有趣。

这些实验表明，尽管看上去奇怪，但电子的行为表现确实与波相似，为了适应这个发现，经典物理学需要进行一次彻底的突破。

按照德布罗意最初的设想，电子是由一种缔合"导波"引导的粒子。20世纪20年代，相关数学方法并未有效地建立起来，德布罗意最终只好放弃了它［但导波概念在20世纪50年代被美国物理学家戴维·玻姆（David Bohm）重新提出，至今仍是一个活跃的研究课题］。①

1926年，奥地利物理学家埃尔温·薛定谔（Erwin Schrödinger）部分受到德布罗意想法的启发，提出了一个可以正确描述电子行为的波动方程。毫无疑问，薛定谔方程是一个了不起的成功，并为薛定谔赢得了1933年的诺贝尔物理学奖。不过，薛定谔方程具备一些数学特性，特别是它显见地包含虚数i，即-1的平方根。

如果大家还记得中学时学过的平方根，或者曾尝试用计算器算出负数的平方根，就会知道负数似乎不可能有平方根。但事实上，我们可以扩展数学的基本概念，将i作为一个独特的数字纳入其中。而且，如果把像1、2，π，$\sqrt{2}$这样的"实数"与i的倍数结合起来，就可以为我们分析大量物理学问题提供强有力的方法。这些复数在波和光学研究中尤其有用，所以在某种意义上，它们出现在薛定谔的电子波方程中是理所当然的。

一方面，在研究光波、声波等经典波时，虚数的应用主要是为了计算方便，而可测量的真实波都是用实数来描述的。另一方面，薛定谔方

---

① 尽管如此，德布罗意-玻姆法仍是一个小众话题，因为在德布罗意首度提出和玻姆再度提出之间的几十年里，该理论一直没有引起重视，而与此同时，更正统的解释取得了巨大的进步，因此导波理论的拥趸需要奋起直追。

程中的波只能用包含虚数的复数来描述。这意味着这些波函数不能描述某些介质中的真实扰动，比如水面上的涟漪。但问题是，它们描述的到底是什么呢？

理解薛定谔方程描述的波函数的现代方法，是由马克斯·玻恩在他1926年发表的一篇论文的脚注中提出的，他认为波函数与电子出现在特定点的概率相关。波函数本身不是概率，因为它是复数，而虚数概率是不存在的。相反，概率是由波函数的"平方范数"给出的，这个过程类似于波函数的平方运算，它在某种程度上消除了因为含有虚数而导致结果为负值的可能性。

求解类氢原子中电子的薛定谔方程，仍会得到一组由 n、l 和 m 三个整数标记的离散状态，但如果将这些状态解释为概率，就会有悖于认为电子沿规则的经典轨道运行的玻尔–索末菲模型。相反，波函数描述的"轨道"是在原子核周围的电子概率密度分布。对于一个 n、l 和 m 取特定值的电子，任何一次位置测量都会发现它在原子核附近，在相同的条件下多次重复测量，测得的位置就会勾勒出由满足薛定谔方程的波函数确定的概率分布。我们不能说轨道上的电子在某个确定的位置上或拥有某个确定的动量，我们只能确定观测到它处于某个特定位置或以某个特定速度移动的概率。（我们对物理学的理解因此受到了深远影响，我们将在下一章进一步讨论这个问题。）

但是，电子的某些属性是确定的，其中最重要的就是它的总能量。电子的总能量仍主要取决于主量子数 n，n 代表轨道的总能量，其大小与玻尔–索末菲原子模型的预测值非常接近。但是，整数 n 不再与电子在轨道中的角动量有关，这个职责改由量子数 l 履行，它决定特定轨道的总角动量（由下图可见，这与节点数有关）。量子数 l 可以取一系列值，

但一定小于 n。最后，量子数 m 给出沿特定轴旋转的电子角动量值。就像在玻尔-索末菲原子模型中一样，l 对能量大小的影响力非常弱，m 则不具有任何影响力，除非有外加电场或磁场。因此，薛定谔方程产生了一组与玻尔-索末菲模型相同的简并能级。

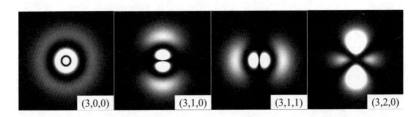

图 6-4　氢原子中的电子处于选定状态（n, l, m）的概率分布图，展示出改变角动量量子数的效果。l 值增加会使节点增多，而 m 值增加则会使分布图发生旋转。图中所示是概率分布的二维切片，白色区域的亮度越大表示概率越高

　　不过，与电子沿平面轨道运行的原始玻尔模型，以及电子沿 m 取不同值的倾斜轨道运行的玻尔-索末菲模型不同，由薛定谔方程计算得出的轨道本质上是三维的。虽然 l 和 m 的不同值不会使电子的总能量发生变化，但如上图所示，它们确实可以深刻地改变电子的空间分布。这为我们理解分子结构提供了所需的最后一块"拼图"。电子的分布决定了分子的形状和振动，分子的形状和振动又决定了分子的其他一切。例如，碳原子形成的 4 个键自然地排列在四面体的 4 个顶点处，因此许多有机分子都具有三维结构。氧原子形成的两个键位于一个平面上，它们的夹角约为 104 度，形成了水分子特有的人字形结构，这对水的许多化学性质（包括水结冰时体积膨胀这个不同寻常的性质）来说，都具有重要意义。

现代化学

得益于 20 世纪 20 年代末发展起来的量子理论的颠覆性影响, 从 1917 年穿越到百年之后的物理学家将举步维艰, 因为他将面对大片的未知领域。然而, 同一时代的化学家穿越之后却会发现, 跟上 21 世纪的步伐要容易得多, 因为支撑现代化学的许多概念都是他们熟悉的。所以, 你只需要了解原子价和原子间通过共用电子来填满电子壳层的行为, 就可以在很大程度上理解化学键和原子结构, 而无须担心这些壳层从何而来。

但是, 所有细节都是完全量子化的。20 世纪初的模糊化学概念 "壳层" 已经被量子力学轨道取代, 后者的实际大小和形状可以通过薛定谔方程和狄拉克方程精确计算出来 (狄拉克方程对较重原子来说非常重要, 因为这些原子中的电子运动速度非常快, 使相对论效应变得显著)。

当原子靠得足够近, 它们的轨道开始重叠进而合并在一起时, 分子键就会形成, 电子的波函数在包含两个原子的更广泛区域内扩散。在这种情况下, 分子键涉及的个体电子, 实际上是两个原子共用的。

电子的波函数不仅决定了电子轨道的精确三维排列方式, 还决定了一组特定原子有多少种可能的状态。泡利不相容原理根据这些状态对电子进行分类, 使其总能量最小化, 同时确保每个电子都有一组唯一的量子数。这反过来决定了原子间形成键的速度和强度, 以及生成分子的形状, 这些结构和键的强度又决定了所有特定分子与其他分子 (包括我们鼻子里用来处理空气中的有机分子以形成嗅觉的化学受体) 发生的反应。

目前还有很多化学难题, 即使计算简单分子的结构, 可能也是一项艰巨的计算方面的挑战。大型蛋白质分子的长链包含几百个原子，它们会盘绕起来形成复杂的三维结构，即便最好的超级计算机也很难弄清楚这些分子的形状。我们在本章开头提到，人类的鼻子如何探测和处理气味分子的具体细节尚未完全搞明白。不过，可以肯定的是，当美好的早晨从享受着我们爱喝的热饮发出的怡人香味开始时，这种气味归根结底来自泡利不相容原理和电子的波动性。

第 7 章

固体：海森堡的不确定性原理

我把几片面包放入烤面包机，然后**靠在操作台上**等着。我时不时地晃动烤架，避免面包粘在上面……

　　大约 2 500 年前，哲学家芝诺（Zeno）提出了大量悖论，试图证明关于现实的"常识"荒谬至极。其中最著名的悖论之一是，指出运动是一种错觉，因为所有的运动都需要无穷多的时间。例如，要走到房间的另一侧，我必须先走完整个距离的一半，这需要花些时间。然后，我需要走完剩下距离的一半（也就是 3/4 处），这也需要花些时间。之后，我需要再走完剩下距离的一半（也就是从 3/4 处到 7/8 处），这同样需要花些时间。这个过程可以永远持续下去，由此得出结论，无论移动多少距离，都需要无限多个步骤，每个步骤都要花有限的时间。这意味着移动到任何地方都需要花无限长的时间，因此运动是不可能的。

　　据说，犬儒学派的哲学家第欧根尼（Diogenes）对该悖论的反应是，站起来并从芝诺身边走开，大多数人或多或少也会做出同样的反应。运动是反映我们日常生活的一个显见事实，因此"运动不可能发生"的断言似乎荒唐可笑。更倾向于运用数学方法解决这个悖论的思想家指出，每当距离减半，走完这段距离所需的时间也会减半。随着微积分的发明，我们知道无穷多个递减的数字项相加，和有可能是一个有限数（具体来说，这个悖论涉及的和是 $1/2 + 1/4 + 1/8 + \cdots = 1$），但直到今天，哲学家还在为芝诺悖论的微妙之处而争论不休。

物体的固体性是反映我们存在的另一个不争的事实，我们每次把一个物体放在另一个物体之上都能体验到这种属性。因此，质疑固形物的稳定性这件事，似乎最好交给哲学家或那些过量服用管制药物的人去做。但事实证明，运用物理学原理证明由大量相互作用的粒子构成的固体确实具有稳定性，是非常难的。

从能量的角度，可以很容易地描述这个问题。一般情况下，任何物理系统总是尽可能地减少自身能量，因此要让构成固体的大量粒子保持稳定，就必然存在某种最小能量排列方式。但是，我们在讨论玻尔模型时说过，正电荷和负电荷之间的吸引力使它们的势能为负，而且当它们彼此重叠时，势能会趋于负无穷。这个无穷大的值表明，原则上任何的粒子集合都可以通过将所有粒子更紧密地组合在一起来降低能量。没有任何显见的证据表明，在恰当的环境下，将粒子拉到一起形成原子、分子和固体的吸引力，不能将所有这些粒子拉到一个无限小的空间中，导致准固体发生内爆，并在这个过程中释放出大量的能量。从这个角度看，一片等待烘烤的面包就是一颗潜在的原子弹。

要防止固体因内爆不复存在，就需要一些额外的因素增强粒子紧密结合时的能量，以确保某个尺寸的最小能量。这与玻尔的原子模型非常相似，通过使电磁力与让电子保持在小轨道上所需的力达到平衡，玻尔找到了最低能量轨道的最优半径。最后，这种能量来自我们前面讨论过的两个核心量子概念，具体来说，就是物质的波动性和泡利不相容原理。要解释清楚这个问题，我们必须介绍量子物理学取得的最著名成果之一——海森堡不确定性原理，关于量子物理学的任何著述都不可能不谈到它。

必然存在的不确定性

20世纪20年代中期，由于玻尔-索末菲模型无法正确地描述一些看似简单的系统，比如让读博期间的沃尔夫冈·泡利吃尽苦头的电离氢分子，于是许多物理学家（大多比较年轻）逐渐放弃了半经典的"旧量子理论"。当沃纳·海森堡认定解决这个问题的关键在于彻底摒弃"电子轨道是充分确定"的想法时，第一个突破性进展出现了。

海森堡和泡利是同代人，后者比前者大一岁。同泡利一样，海森堡也在慕尼黑大学上学，并且师从阿诺德·索末菲。他的论文研究的是湍流这个经典的物理学难题，但像当时的许多物理学家一样，他对新兴的量子理论也产生了兴趣。取得博士学位后，他来到哥廷根大学，与马克斯·玻恩一起工作，并在哥本哈根的尼尔斯·玻尔研究所度过了1924—1925年的冬天。和玻尔在丹麦合作期间，海森堡试图用"旧量子理论"来解释谱线的强度，也就是说，为什么原子更容易发出和吸收具有特征频率的光。我们在第3章介绍的爱因斯坦的光子统计模型给出了一些非常普遍的法则，但要了解具体细节，难度非常大。

1925年夏天，回到哥廷根大学的海森堡继续苦心钻研谱线问题。与此同时，他还要对抗过敏症的袭扰。为了躲避一场猛烈的枯草热，他逃到了遥远的赫里戈兰岛。那里的空气中没有花粉，他可以专心做研究。

其间，海森堡茅塞顿开，意识到试图弄清楚经典电子轨道的具体细节纯属浪费时间。没有实验能追踪到电子的轨道运动，因此根本没有必要担心其细枝末节。于是，他决定换一种方法，即只使用实验的可观测量来阐述量子理论。

经过长期数学上的攻坚克难，海森堡找到了他想要的答案。他将描述量子跃迁的可测量属性的值列成数字表格的形式，其中表示电子的最初、最终状态的值分别与表格的行、列对应。与前一章介绍的薛定谔波动方程一样，海森堡的理论描述的也是概率，但它描述的是容许态而不是电子特定位置的概率。启发海森堡的谱线强度问题，就是确定处于某个容许态的电子跃迁到另一种状态的概率大小问题；概率越高，谱线就越明亮。根据他花了很长时间才总结出的规则，并结合他的数字表格给出的结果，海森堡终于完成了这些计算。

一回到哥廷根大学，海森堡就向玻恩展示了他的研究成果。玻恩注意到海森堡的计算方法与他数学领域的同事研究的矩阵——有特殊运算规则的数字索引表——之间存在某种相似性。玻恩、海森堡和玻恩的另一位助手帕斯库尔·约尔当（Pascual Jordan），用矩阵语言重新阐述了海森堡的研究成果，并提出了第一个相对完整的量子物理学理论——"矩阵力学"。①

最初，物理学界对矩阵力学毫无热情，因为那时的物理学家大多都

---

① 海森堡因提出矩阵力学而获得1932年的诺贝尔奖，但事后他写信给玻恩表达了内疚之情，因为这项工作是他们三人共同完成的。玻恩最终获得了1954年的诺贝尔奖，人们常将他迟迟不获奖归咎于政治原因。人们花了很长时间才找到将诺奖授予玻恩，同时又能将约尔当排除在外的方法，因为约尔当曾是纳粹的狂热支持者。

没有学过矩阵。当埃尔温·薛定谔在1925年冬天提出波动方程时，[①]许多物理学家都松了一口气。然而，这两种方法在数学上是等价的，现在的物理学家还学会了将两者融合起来使用。他们常借用矩阵力学的数学术语来描述利用薛定谔方程计算出的波函数，还经常用波函数来描述海森堡的洞见，从而更直观地理解其中的含义。在实际计算时，他们往往会根据手头的问题，选用更简单的那个方法。

在物理学界之外，海森堡最为人知的就是他的不确定性原理，这是一个来自量子物理学却进入了大众文化领域的概念。它最著名的表述是，关于粒子位置和动量的了解不可能同时达到任意精度。这两个量肯定都是不确定的，它们的不确定性的乘积必然大于某个最小值，换句话说，当其中一个量的不确定性减小时，另一个量的不确定性肯定会增加至少相同的因数。如果你准确地知道某个粒子的移动速度，就不可能知道它的位置，反之亦然。

不确定性原理通常被描述为一种测量现象，即试图测量位置的行为会干扰动量，反之亦然。虽然这个说法准确地反映了两者的基本关系，但它也有轻微的误导性，因为它给人留下了这样的印象：与量子粒子相关的位置和动量是"真实"存在的，我们只是不知道它们的值。然而，量子不确定性其实是更加基本的概念。海森堡在提出他的理论时用到"不确定性"一词，在英文中将其译为"indeterminacy"无疑比"uncertainty"更好，前者更有助于我们思考这个问题。量子不确定性是海森堡当初在赫里戈兰岛上顿悟的直接成果：仅用可测量的量来表述该

---

① 同海森堡一样，薛定谔也不是在家中实现这项突破的。当时，他和他众多情妇中的一个正在滑雪场度假。从那以后，物理学家一直以他们为例，要求得到更多的假期。

理论的想法，意味着还存在其他无法确定的量。不确定性原理不是关于测量缺陷的理论，而是反映了这样一个事实：认为量子粒子有精确的位置或动量的说法是没有意义的。

然而，要理解这种不确定性，以及它如何提供阻止我们的早餐发生内爆的能量，我们就必须再次利用薛定谔的波动方程，更仔细地研究粒子的波动性和波的粒子性到底意味着什么。

零点能量

海森堡不确定性原理是量子物理学中最著名的怪诞结果，但要解释它，我们还需要了解另一种极其反直觉的现象——"零点能量"。这个概念告诉我们受限量子粒子永远不会停止运动，而且它直接遵循量子粒子的波动性。研究表明，它对物质的稳定性具有深远的影响。

为了深入了解波的性质和零点能量，我们有必要回到量子物理学中最简单的系统：被限制在盒子中的单个粒子。[①] 这个基本概念与我们用来解决黑体辐射问题的"装在盒子里的东西"模型相同，但后者考虑的是光波。现在，有了德布罗意的物质波概念，我们想像考虑被限制在盒子中的电子那样考虑物质粒子。我们假设"盒子"是不可穿透的，虽然电子可在盒子里自由移动，但它永远无法逃逸。

尽管从日常直觉的角度看，这两个场景看起来可能大不相同，但从数学的角度看，被限制在反射盒子中的光波与被限制在不可穿透的盒子中的具有波动性的电子之间几乎没有区别。在这两种情况下，最终结果

----

① 你或许认为最简单的可能系统是在自由空间中的单个粒子，但事实证明它复杂得多。我们马上就会讨论这个问题。

都是一组有限的驻波模，盒子两端的波函数被约束为零，并且盒子的长度是半波长的整数倍。就像光波一样，盒子内电子的最长可能波长是盒子长度的两倍。

将这种约束条件施加于光波时，似乎没有任何问题，但当将其施加于电子时，就会产生一个极不寻常的结果，它意味着盒内电子永远不可能真正静止。正如德布罗意指出的那样，电子的波长与它的动量有关——动量越高，波长越短。动量是通过质量乘以速度计算出来的，[①]因为电子的质量是固定的，所以电子的动量是其速度的反映。静止的电子动量为零，其波长必须为无限长。但受限电子有最大可能波长——盒子长度的两倍，这意味着它有不为零的最小动量。因此，被限制在某个空间区域内的电子必定一直在移动。

在物理学中，速度是一个包含量值（速率）和方向的量，所以动量也可以从方向角度来定义。既然盒内电子可以朝任何方向移动，我们就很难用动量来描述受限粒子。为了避开方向问题，可以从动能这个较为容易的角度来讨论受限电子。动能不取决于粒子的运动方向，而只取决于它的运动速度。盒内受限电子的驻波模就是动能充分确定的状态，能量以与盒内半波长倍数的平方成正比的方式增加，也就是说，第二种状态的能量是第一种状态的4倍，第三种状态的能量是第一种状态的9倍，以此类推。

这里的关键特征在于，最低能量不为零。从经典物理学的角度看，这似乎是一件奇怪的事。如果我把一个宏观的日常物体，比如一颗弹

---

① 至少对缓慢移动的粒子而言确实如此。一旦粒子的移动速度开始接近光速，相对论就会使这个定义发生些许改变，但对于我们目前讨论的内容，"质量乘以速度"的计算方法是恰当的。

珠，放在一个鞋盒里，我完全可以让它相对于盒子保持静止，因此它的动能为零。但是，量子粒子具有波动性，所以它们永远不可能完全静止。不幸的是，这种最小能量——零点能量——是欺诈行为的丰富的物质来源。对量子术语稍有了解且没有道德底线的人，有时会基于从真空提取零点能量的想法，推销"免费能量"方案。听起来太过美好的承诺往往是不可能的：零点能量只是物质波动性的必然结果，永远无法提取。

电子的最小能量取决于盒子的尺寸，与盒子长度的平方成反比。也就是说，如果你把盒子的长度加倍，大盒子的最小能量将是小盒子的1/4。粒子被限制在越小的空间内，它的最大波长就越短，它的能量也越高。能量增加现象是帮助我们理解物质稳定性的关键因素之一。

不确定性原理

物质的波动性确保受限粒子具有某个最小能量，但这和不确定性原理之间的关系可能并不明显。为什么物质的波动性导致我们不可能同时知道单个粒子在特定时间点的位置和动量呢？

其实答案就隐藏在前文中，但我们当时讨论的主要是各种能态的能量。我们说过，受限电子的驻波状态就是能量确定但动量不确定的状态，因为动量不仅包括粒子的运动速度，还包括粒子的运动方向。我们的"盒内粒子"假设的最简单版本是一维的"盒子"（有点儿像弦），电子只能在两个方向上运动。一维盒子里的受限电子向左移动和向右移动的可能性相等，因此它的动量具有不确定性。对于一维系统，如果我们把运动方向编码成粒子的符号，向左运动的粒子就具有负动量，而向右运动的粒子则具有正动量。那么，动量的范围是与电子的基本波长相关的动量的两倍，我们可以用带有某些不确定性的平均动量来表示它。例如，如果动量是 5 或 -5 个单位，动量的范围就是 10 个单位，我们会说平均动量是 0 ± 5 个单位。

被限制在越小范围内的粒子，波长肯定越短，动量和能量越大，所以我们可以通过增加盒子尺寸的方式减小动量，进而减小动量的不确定性。但这样做又必然会增加粒子位置的不确定性，它大概是盒子尺寸的一半——平均而言，粒子在盒子中间，到左右两端的距离都是盒子长度的一半。① 然而，这两个不确定性的乘积是一个常数：如果盒子的长度加倍，位置的不确定性就会加倍，但动量的不确定性会减半，所以位置的不确定性与动量的不确定性的乘积保持不变。

由此可见，盒内粒子的位置和动量肯定具有海森堡不确定原理要求的不确定性。但是，如果粒子在盒外，并且可以自由移动，其位置和动量是否也具有这种不确定性，就不太明显了。要理解这一点，我们需要想清楚量子物体同时具有粒子性和波动性到底意味着什么，还要以及我们为什么试图确定其位置和动量。

要讨论一个有确定动量的量子粒子（即有波动性的粒子），我们需要具体说明它的波长，这当然意味着它必须在足够大的空间内延伸，以便我们看到它的振荡。但是，这与该粒子有完全确定的位置是不能共存的。我们能达成的最佳折中方案，就是有一个类似"波包"的东西。如下图所示，波包是仅在小的空间区域内有类波行为的函数。

---

① 因为概率分布在中间达到峰值，所以一维盒子的确切值会小一点儿，但大致差不多。

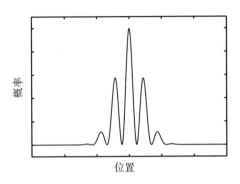

图 7-1　仅在小的空间区域内有明显振荡的波包

这个函数显然同时具有粒子和波的特征，那么我们怎样才能从普通的波中得到这样一个函数呢？我们可以从盒内粒子的例子中得到一条线索：盒子里的最低能态是两列不同波的和，其中一列波对应的是向左运动的粒子，另一列波对应的是向右运动的粒子。但是，我们不考虑粒子在两个方向上以相同速度移动的情况，而是把对应于两种不同的可能速度的两列波叠加在一起，看看会发生什么。在这种情况下，我们得到了类似于下图所示的波函数。

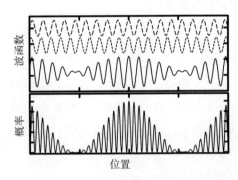

图 7-2　频率稍有不同的两列波叠加在一起，就会得到一个波函数，其中在产生拍音的地方两列波相互抵消。波函数模的平方就是粒子的概率分布

　　当两列波长不同的波叠加在一起时，在某些地方这两列波同相，合并后形成振幅更大的波，但随着这两列波的向前移动，它们彼此不再同相。在一段距离之外的某个点上，它们几乎正好相互抵消，导致波不见了。这被称为"振铃"，因为它是音乐中的常见现象，当两件略微走调的乐器试图演奏完全相同的音调时，就会产生不和谐的振铃噪声。

　　如果只有两列波叠加在一起，没有波动的区域就会比较狭窄；但是，如果更多的波叠加在一起，它们相互抵消的区域就会变宽，而有波动的区域则会变窄，而且界限更加分明。我们纳入的波长越多，得到的波函数就越像描述粒子的波包。不过，每增加一个波长，就会有一个可能的动量与之对应。随着波长的增多，你将会得到具有各种特定动量的粒子的概率，你也会发现波包越来越小而位置越来越明确，但这个过程必然会增加粒子动量的不确定性。

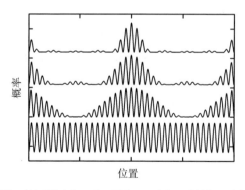

图 7-3　增加（从下往上）一个、两个、三个和 5 个波长，波包逐渐变窄

　　所以，在英文中用"indeterminary"描述量子不确定性或许更准确，因为粒子性和波动性之间的矛盾意味着根本不可能同时定义粒子的位置和动量。一方面，为了更好地定义位置，我们必须形成一个窄波包，这

意味着波长和动量不确定性的增加。另一方面，减少可能波长的数量，以便更好地定义动量，但这必然会使波包变宽，并增加位置的不确定性。量子不确定性并不是对我们的测量能力的实际限制，而是对量子粒子可能具有的属性的基本限制。

原子的稳定性

那么，零点能量和不确定性原理是如何确保物质稳定性的呢？要理解这一点，我们需要舍弃盒内粒子这个简单的人造模型，并代之以更真实的被束缚在原子内的电子。

被束缚在原子内的电子显然比被限制在盒子里的电子要复杂得多，但是我们可以采用相似的思考方式。根据定义，束缚电子或多或少都会被限制在原子核周围的一个小空间区域内。就像盒内电子一样，这个区域的大小决定了电子必然具有的最小动能。

但是，由于携带负电荷的电子和携带正电荷的原子核之间相互吸引，所以原子的情况更加复杂。物理学的惯例是从束缚电子的负势能角度描述这种相互作用，负势能加上正动能就可以确定粒子的总能量。如前所述，这个方法便于我们确定一个电子是否受到束缚，束缚电子的总能量是负的。（这就是什么我们在第4章描述的玻尔轨道上的电子能量是负值。）能量守恒定律告诉我们，总能量是一个常量：势能减小，则动能增加，反之亦然。

虽然束缚电子的势能总是负值，但它的大小会随位置而变化。当电子和原子核之间的距离很大时，势能几乎为零；随着两者相互靠近，负势能会越来越大。从数学上讲，负势能的量值可以无限增加，如果让电子紧挨着原子核，就会产生负无穷大的势能。因此，如果电子不断靠近原子核，它的总能量就会不断减小，原子则可能会变得不稳定，甚至发生内爆，这令人不安。

幸运的是，我们不难用数学方法证明，对电子的束缚越紧，其动能就越大，足以抵消负势能的增加。事实上，电子的动能是核物理学领域的一个重要历史问题。由于原子的质量总是大于根据核电荷推断出来的质子数，所以在发现中子之前，物理学家认为原子核中肯定还包含另外一些质子，但它们的正电荷被周围的紧密束缚的"核电子"抵消了。不过，束缚电子的动能非常大，物理学已知的相互作用不可能将它保持在原子核的空间内。"核电子"模型从一开始就作用不大，多年来，包括欧内斯特·卢瑟福在内的其他人认为，原子核中一定还含有重中性粒子。1932 年，卢瑟福的同事詹姆斯·查德威克（James Chodwick）根据弗雷德里克·约里奥–居里（Frédéric Joliot-Curie）和伊雷娜·约里奥–居里（Irène Joliot-Curie）[①]在一篇论文中给出的线索，证明了中子的存在，这让许多物理学家感激不尽，因为他们无须再纠缠于"核内电子"的问题了。

电子被限制在越小的空间内，其动能就越大，因此绕核旋转的电子的总能量是有下限的。电子的能量是负值，这表明它受到了束缚，但它的能量不可能达到负无穷，所以它的波函数肯定总在原子核周围的某个范围内延伸。原子是由带正电荷的原子核与被绕核旋转的电子组成的，因此它是稳定的，不会发生内爆。

---

① 他们是居里夫妇的女婿和女儿。——编者注

泡利不相容原理与固形物

物质的波动性足以保证原子的稳定性，因此关于宏观物体存在的哲学问题似乎已经解决了。周围有一个旋转电子的单个原子核是稳定的，但这个事实并不一定意味着原子核和电子的集合也能保持稳定。单个原子的计算非常简单，可作为留给物理学专业本科生的作业，但一旦添加了第三个带电粒子，就不可能利用纸笔计算出能量的确切值，而至多有可能计算出近似解和做出数值模拟。

这不是量子物理学独有的问题。经典的"三体问题"（three-body problem）同样棘手，在普朗克提出能量量子化的概念之前，它就困扰了人们很长时间。当艾萨克·牛顿在17世纪末提出他的万有引力定律，并用它来解释太阳系内行星的轨道时，多物体相互作用的问题首次引起了人们的密切关注。通过思考特定行星和太阳之间的相互作用，可以确定这些轨道的基本属性，然而，行星之间的引力当然也要考虑到。行星间的引力要小得多，但并非无关紧要。1846年，法国天文学家奥本·勒维耶（Urbain Le Verrier）利用天王星的预测轨道和观测轨道之间的微小偏差，推断出另一颗行星的存在，后者在距离太阳更远的地方旋转。勒维耶利用牛顿引力，通过近似计算预测出这颗新行星的位置。德国天文学家约翰·伽勒（Johann Galle）得知勒维耶的预测后，在第一次夜间观测时就发现了海王星，而且它几乎就在勒维耶预测的位置上。

尽管勒维耶等人的近似轨道计算取得了成功，但如何找到三体（及以上）问题的确定答案仍是令人头疼的难题，它对人类的存在有着令人不安的影响。虽然个体行星之间的作用力与太阳的引力相比非常小，但如果它们以错误的方式排列，那么可以想象，它们可能会破坏行星的轨道，将地球抛向太阳或星际空间深处。如果找不到多体问题的确定答案，就不能保证太阳系将以目前的组态继续存在下去。

1887 年，为了解决这个问题，瑞典国王宣布举办一项国际竞赛，能解决多体问题的数学家将获得一笔奖金。这笔奖金的最终获得者是亨利·庞加莱（Henri Poincaré），他发明了一系列新的分析方法，可以通过引力对相互作用的三个或更多天体的轨道进行分类。但遗憾的是，庞加莱给出的答案是否定的：他的新方法表明，我们无法保证由多个相互作用的天体构成的系统，将会落入并保持在有序轨道上运行。[①] 庞加莱的研究成果是关于混沌的数学研究的一个早期里程碑，他发明的那些方法至今仍是研究完全不可预测系统的标准工具之一，尽管这些方法背后的物理学知识相对简单。太阳系的长期稳定性仍然是一个未解之谜，庞加莱的研究则让我们知道这个谜题可能永远也无法破解。

多个相互作用的量子粒子的情况甚至比庞加莱研究的多体引力问题更复杂。电荷之间的电磁力有与引力相同的数学形式，这本身就会使轨道不可能保持稳定，不仅如此，它还取决于相互作用的粒子所处的位置，我们在前文中已经证明它们的位置无法确定。即使一个氦原子只有一个原子核和两个相互作用的电子，我们也无法通过纸笔计算出它的容许态。可以想象，如果大量的原子核和电子的排列方式尤其不利，那么这种系统从根本上就是不稳定的。其内部复杂的相互作用可能会将一些

---

① 有趣的是，庞加莱最初得出的结论与这个结论正相反，即他认为他已经证明了多体系统的极限稳定性。然而，在他的手稿准备出版的过程中，期刊的编辑之一、瑞典数学家拉尔斯·爱德华·弗拉格门（Lars Edvard Phragmén），指出庞加莱的证明中似乎有一个小分歧。经过仔细检查，这个小分歧最终导致了一个完全相反的结论。最初的那篇文章不得不匆忙地撤回重写，但庞加莱仍然获得了那笔奖金。

粒子抛出到很远的地方，而其他粒子则会发生内爆，最后变成一个无穷小的点。这再次引出那个令人不安的可能性：一片吐司发生内爆，像一颗原子弹一样释放出能量。

当然，就像芝诺的运动悖论一样，这个问题的最终答案也是显而易见的。事实上，我们被大量的物质包围着，它们组态各异，而且看起来是稳定的。但是，要用数学方法证明这一点却极其困难。1967年，弗里曼·戴森（Freeman Dyson）最终解决了这个问题，他证明原子内电子和原子核的总能量有一个下限，从而排除了内爆的可能性。但这是有条件的，即粒子要遵循泡利不相容原理。

泡利不相容原理与受限电子的能量之间似乎没有显见的关系，但只要深入探究其中的数学原理，我们就可以了解它是如何产生影响的。在更深的层面上，泡利不相容原理表明所有电子都是一模一样的，无法区分。这意味着我们为了便于数学计算而给它们贴上的任何标签，例如，将一个电子称作A，将另一个称作B，或者指定一个空间方向为正，另一个方向为负，都具有任意性。即便我们调换这些标签，多电子态的总能量等可测量属性也不会改变。但是，有一个不可测量的属性会改变，并且必须改变，它就是波函数。波函数肯定是"反对称的"，也就是说，当你调换标签时，它的符号就会由正变负。正是这个形式化的数学要求带来了泡利不相容原理：如果波函数的两个电子处于完全相同的能态，那么在你调换它们的标签时，它们不可能改变符号。由此可见，两个电子的能态完全相同的情况是不允许出现的。

波函数的符号不会对能量产生直接影响（记住，波函数依赖于虚数i，所以可测量的属性可能只取决于波函数的平方），但反对称性的要求通常会将电子限制在较高能态。考虑一个致使两个波函数具有不同对称性的简单系统——两个原子通过共用一个电子而形成的分子——我们就可以理解反对称性要求为什么会带来更高的电子能量。这个简单系统和多电子情形并不完全相同，但是它更易于形象化，并证明为什么反对称能态具有更高的能量。

既然共用电子同时受到两个原子核的吸引，那么我们预期，沿两个原子间轴线的概率分布切片应该显示出两个峰值，这表明在每个原子核附近发现这个电子的概率更大。然而，有两种不同的方法可以得到能产生这类概率分布的波函数：一种是波函数在两个波峰处都是正值；另一种是当我们从一个原子移动到另一个原子时，波函数由正变负。[①]

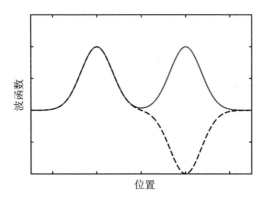

图 7-4　两原子共用电子的两种不同能态的波函数

当思考这些波函数的对称性时，我们需要考虑如果调换我们随意贴上的"左""右"标签，会发生什么。这就像波函数在镜子中的反射一样，我们立刻就能看出相同符号的状态是对称的：波函数的两个峰值符

---

① 就像第 2 章讨论的琴弦上的驻波一样，波函数在其中一个波峰处的实际值，会随着时间的推移在正、负值之间来回变化。重要的是，这两个峰值的符号具有相关性：在对称的情况下相同，在反对称的情况下相反。

号相同，所以当左右互换时，不会发生任何变化。然而，符号不同的状态是不对称的：左右互换，波峰的正值就会变成负值，波峰的负值则会变成正值，这相当于将波函数的符号反转。

虽然它们之间似乎没有太大区别，但反对称态的能量会稍高。为了理解其中的原因，我们需要仔细研究在分子附近的一点发现该电子的概率（如下图所示）。记住，我们要对波函数进行平方，因为不存在负概率。

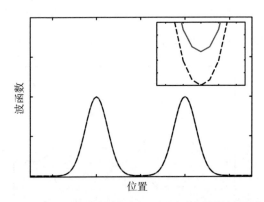

图 7-5　上一幅图所示的两个波函数的概率分布，右上角小图是两个原子中点处的放大图

除了两个原子间的一个很小的居中区域外，它们看起来几乎完全相同。符号相同（对称）的状态让我们有机会在两个原子的正中间找到这个电子，而符号不同（反对称）的状态则使该电子在两个原子的正中间被发现的概率为零（因为从正到负，肯定会经过零）。反对称态电子被排除在对称态电子可以自由占据的一个小空间区域之外，这缩小了电子可能被找到的位置范围，正如我们在讨论不确定原理时看到的那样，这必然会使粒子的动能增加。

上图展示的是单电子波函数，而泡利不相容原理不仅适用于多电子态系统，还考虑了电子的自旋及其空间分布。多电子态比简单的单电子态要复杂得多，但以下结论对它们同样适用：一般来说，反对称波函数的能量略高于对称波函数，而且泡利不相容原理告诉我们，电子集合的波函数肯定是反对称的。也就是说，这些电子的波函数有更高的能量，因此，随着一些电子被塞入一个小区域，两个原子共用的电子集合的总动能就会增加，而且增速比不遵循泡利不相容原理时更快。

　　通过大量的数学计算，我们还可以运用该方法去研究更多的原子核和电子，并得到同样的结果。遵循泡利不相容原理的粒子集合的总能量总是高于数量相同但拥有对称波函数的粒子。[①]事实上，能量增加对防止内爆具有至关重要的意义。就像增加一颗额外的行星会破坏太阳系的稳定性一样，增加另外一些粒子也会破坏单个原子的稳定性。如果不是因为必须处于反对称态而带来动能的增加，集合系统内的原子核和电子可能就会通过结合得越来越紧密，而不断增加能量的负值，固形物内部也会因此变得不稳定。

　　这个方法背后的数学计算极其复杂，直到泡利不相容原理提出约40年后的1967年，弗里曼·戴森和安德鲁·莱纳德（Andrew Lenard）才最终证明，物质的集合确实有能量下限。然而，戴森和莱纳德的研究为内爆留下了令人不安的空间：虽然能量有下限，但物质仍然可以通过大幅压缩释放出巨大的能量，从而使每一个固体都有可能变成核弹。在随后的几年里，埃利奥特·利布（Elliot Lieb）和沃尔特·瑟林（Walter Thirring）大幅改进了戴森的计算方法。现在，我们已经找到了确凿的证

---

① 致力于研究这类粒子行为的一个物理学发展态势良好，它对理解超导电性而言不可或缺。但这一领域的大多数有趣现象都发生在绝对零度左右的条件下，所以它们对我们的早餐影响不大。

据，证明固体物质实际上是稳定的。对已经习惯了日常世界的我们来说，这个结果并不令人惊讶，但对数学物理学家来说，这是一个很大的安慰。

白矮星、中子星与黑洞

作为对物质稳定性讨论的补充，我请大家注意一个有趣的现象：恒星死亡后，它留下的遗迹也是因为泡利不相容原理而保持稳定的。

虽然恒星的诞生源于数量极其庞大的氢，但该燃料的供应量也是有限的，最终会被耗尽。一旦这种情况发生（它会以多种方式发生，其中一些比另一些更壮观），遗留下来的星核就无法再通过聚变产生能量。正是因为聚变过程中释放的热量，活动星才能避免因引力作用而发生坍缩，所以在热量供应停止后，星核将向内坍缩。和初始坍缩过程的情况一样，向内坍缩释放的能量和粒子间的电磁斥力，会使星核的温度升高。不过，20世纪30年代以来，物理学家就已经知道，聚变停止后，星核温度的上升速度并不足以阻止它的坍缩。接下来的问题是：星核会发生什么呢？

对一个小的不断坍缩的星核（它的质量比太阳大一点儿）来说，泡利不相容原理就是它的救星。在引力作用下，星核的电子和原子核结合得越来越紧密，当它们的间距与它们的波长相当时，它们的量子特征就会开始发挥作用。跟在固体物质中一样，它们也会因为遵循泡利不相容原理而使动能迅速增加，而且增速快于不遵循泡利不相容原理的粒子。这种"电子简并压力"足以抵抗引力作用，于是星核变成一颗白矮星——白矮星是地球大小的、以量子力学为支撑的极其致密球状天体，一立方厘米的白矮星物质重达数百吨，而同样大小的一块岩石只有几克重。

　　但是，较重的恒星仅凭泡利不相容原理是无法抵抗引力作用的。如果白矮星的质量超过太阳质量的1.4倍，[①] 星核受到的引力作用就足以使其继续坍缩。电子和原子核被挤压得更紧密，直到它们之间的距离小到足以使弱核力开始起作用。弱核力只在极短的距离上起作用，但当物质足够致密时，它就会让电子与上夸克合并，从而把质子变成中子。在一个略大于白矮星极限值的坍缩星核中，电子和质子结合为几乎都由中子构成的质量。

　　就像质子与电子一样，中子也遵循泡利不相容原理。虽然中子是电中性的，不会相互排斥，但由于它们的波函数必须是反对称的，这使得足够致密的中子的能量迅速增加。在星核因为过大而无法形成白矮星时，这种"中子简并压力"可阻止其坍缩，并形成直径约10千米、密度约为白矮星的100万倍的中子星。

　　尽管量子简并压力非常强大，但最终取得胜利的仍是引力。对于质量略大于太阳两倍的星核，就算泡利不相容原理也无法阻止它的坍缩。随着中子间的挤压不断加剧，整个天体变得越来越致密，以至于任何东西，甚至是光，都无法从它的表面逃逸。这时候，星核就成了黑洞，外部宇宙再也无法知道它接下来的命运。

　　中子星和白矮星都是宇宙中的奇异天体之一，与我们每天早晨的经历几乎没有任何关系。不过，让这些极端天体免于最终坍塌的量子属性，与保证我们和我们的早餐继续存在的那些属性完全相同。

---

① 　1930年，印度裔美国物理学家苏布拉马尼扬·钱德拉塞卡（Subrahmanyan Chandrasekhar）在乘船前往英国的途中首次计算出这个值，因此人们将其称作"钱德拉塞卡极限"。钱德拉塞卡最初的计算结果遭到了很多的抵制，但他和其他人反复改进计算方法。最终，他的计算结果在数学上得到了证明。

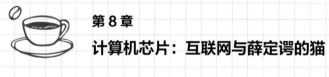

第 8 章

计算机芯片：互联网与薛定谔的猫

茶还有点儿烫，无法入口。在等它冷却的同时，我一边品味着飘过来的阵阵茶香，一边**打开电脑**浏览新闻……

1969年，在当时最优计算能力的支持下，阿波罗11号任务将尼尔·阿姆斯特朗（Neil Armstrong）和巴兹·奥尔德林（Buzz Aldrin）送抵月球表面。由迈克尔·柯林斯（Michael Collins）驾驶的指令舱，以及搭载阿姆斯特朗和奥尔德林的着陆器，都号称拥有最先进的制导计算机。用现代术语说，这些计算机大约有64 KB（千字节）的工作内存，每秒可以执行大约4.3万次操作。地球上的任务控制中心有5台顶级的IBM（国际商业机器公司）System/360 75型号大型计算机，每台都有1MB（兆字节）内存，每秒可执行大约75万次操作。

自登月以来的近50年里，计算机技术已经取得了惊人的进步。本书的创作主要是在三星Chromebook笔记本电脑上完成的，它有4GB（吉字节）工作内存，每秒可以进行大约20亿次操作；我的智能手机已经用了两年了，它的内存略小，但运行速度跟我的笔记本电脑差不多。与现代计算机相比，我的这两台设备都算不上出色，但它们的处理能力都是阿波罗计划使用的便携式计算机的几千倍。当下，即使是儿童玩具的处理器通常也比月球登陆器强大得多；如果你想在现代设备中找到阿波罗11号登陆器水平的处理器，可能只有厨房基本电器（比如烤面包机）能满足你的需求。

计算能力在近50年里取得的指数增长，得益于硅基计算机芯片制造技术的稳步提升。这要求我们深入了解半导体内部电子的物理性质，这些电子的物理性质又主要取决于它们的波动性。归根结底，我们要为今天几乎随处可见的计算机感谢量子物理学。事实上，我们用来在互联网上分享猫照片的电脑，与科学界最臭名昭著的那只虚构的猫——薛定谔的猫——有着深刻的联系。

猫悖论

物理学的著名例证，无论是思想实验还是真实演示，通常可以分为两类。第一类例证是以引人注目的方式展示它们的成功，旨在说服人们接受一种特殊的新理论。尽管伽利略从比萨斜塔上扔下一轻一重两个物体的传言很可能并不属实，但荷兰物理学家西蒙·斯蒂文真的从代尔夫特的一座教堂塔楼上扔下来不同质量的物体，从而证明它们的下落速度相同。从此以后，这个演示就成了物理学入门的一个主要内容，它最令人惊叹的变体是阿波罗15号的宇航员戴夫·斯科特（Dave Scott）于1971年在月球表面完成的那一个。

人们也常通过思想实验推广新理论，例如，1909年，吉尔伯特·路易斯和理查德·托尔曼（Richard Tolman）为了解释爱因斯坦狭义相对论的一些核心思想，提出了"光钟"概念。他们设想这种不同寻常的钟通过在两面镜子之间反射光来计时，每反射一次就相当于"滴答"一声。[①]如果观察者有一只这样的钟，并看到一只同样的钟从他身旁经过，那么他会发现光在移动光钟中传播的路径比在静止光钟中长，因此两次"滴答"声的时间间隔也更长。这个方法利用光速不变原理巧妙地解释了狭义相对论的一个核心特征，即运动的时钟比静止的时钟走得慢，它还解释了为什么这种效果是相对的——在与移动的时钟一起运动的另一个观察者眼中，这只时钟走时正常，而第一个观察者手中的那只时钟走时较慢。

第二类著名的物理学例证是谜题，目的是展示在应用特定理论进行推理时遇到的微妙问题。狭义相对论的著名的"双生子悖论"就是这样一个思想实验。它设想用火箭把一对双胞胎中的一个送上漫长的太空之旅，另一个则留在地球上。根据预测，移动的时钟走时慢，这意味着乘火箭旅行的那一个经历的时间应该比留在地球上的那一个短，因此前者返回地球后会发现他的兄弟明显变老了。但是，运动的相对性又意味着，在乘火箭旅行的那一个看来，他的孪生兄弟在"移动"，所以后者应该更年轻。看似可靠的推理却得出了相互矛盾的结论：每一个都比他的兄弟年轻。

当然，物理实在并不容许真的悖论存在，所以这两个双胞胎中只可能有一个人比另一个"年轻"。有人指出，乘火箭旅行的那一个必然会改变运动速度和方向（加速），因此他的情况与他的兄弟不同，从而使他们经过的时间明显不同。有人甚至利用原子钟在飞机上做了一个小规

---

① 任何合理尺寸的光钟的滴答声都极快，但从原则上讲，光钟应该是了不起的时钟，因为光速恒定原理使它的振荡非常有规律。

模版本的实验，其结果与相对论的预测相吻合：飞机上的原子钟比地面上的原子钟走时慢，而且差距与预期值一致。

"薛定谔的猫"谜题属于第二类，即用现有理论进行推理时得出自相矛盾的结论。1935 年，在量子理论初创时发挥了至关重要作用的薛定谔和爱因斯坦都开始对这套理论感到不满意，于是他们分别撰写论文，并通过思想实验表达了量子理论根本不完整，因此必须以更深刻、更令人满意的物理方法取代它的观点。爱因斯坦及其年轻同事鲍里斯·波多尔斯基（Boris Podolsky）、内森·罗森（Nathan Rosen）合写的论文，提出了众所周知的"量子纠缠"问题，我们将在第 11 章着重讨论它。

爱因斯坦的假设证明，不确定量子态与"局域性"原理不相容。所谓局域性，是指物体的状态仅取决于它附近的事物。薛定谔在量子谜题世界中做出了类似的贡献。和爱因斯坦一样，他也因量子力学的随机性而困扰不已，即我们观察到的单一现实是如何从海量的可能结果中涌现出来的。在玻尔等人提出的量子物理学观点（被称作"哥本哈根诠释"，以玻尔研究所所在地的名字命名）中，这个问题被置之不理，因为他们断言量子物理学的概率法则只适用于微观系统，而不会对宏观世界产生影响。薛定谔并不接受这个说法，并提出了一个恶魔般的思想实验，从而引起了人们对这个问题的关注。

在一篇概述"量子力学现状"的论文中，薛定谔指出我们可用一种戏剧性的方式，将微观量子物理学与宏观效应联系起来。他设想了这样一个场景：一只猫被装在一个密封的盒子里，盒子里有一个含有不稳定原子的装置，该原子有 50% 的概率在接下来的一个小时内从一种容许态衰变为另一种状态（就像爱因斯坦的光子模型和海森堡的矩阵力学那样）。如果原子发生衰变，盒内装置就会立即毒死猫。盒子是密封的，直到一个小时后才会打开，所以在此之前，外面的实验者根本无法了解盒内的情况。问题是：在盒子打开前的那一瞬间，猫处于什么状态？

　　根据常识，我们可能会说，那只猫要么活着要么死了，但根据哥本哈根诠释，那个原子的状态肯定是不确定的：在盒子被打开和最终状态得到确定之前，原子发生衰变和未发生衰变的可能性是均等的。从数学上讲，原子的波函数包含两个部分，分别对应一种可能状态，就像我们在上一章中放到一起的波包中包含多个可能的动量分量一样。原子的状态属于量子叠加，它是一种不确定的状态，不是二者取其一，而是同时存在。

　　但是，由于原子和可以毒死猫的机器之间存在联系，这使得猫的状态完全取决于原子的状态，所以猫也肯定处于量子叠加态：既活又死。薛定谔的思想实验表明，依赖于将原子的微观世界（受量子规则支配）和宏观世界（受经典物理学支配）彻底分开的哥本哈根诠释根本行不通。猫谜题表明，这两个世界是可以联系在一起的。这迫使物理学必须解决一个潜在的问题：我们看到的单一现实是如何从量子概率中脱颖而出的？量子物体状态的测量意味着什么？量子物体同时以多种状态存在又意味着什么？

　　薛定谔的猫引发的关于基本量子问题的讨论，一直持续至今。它也激发了许多试图创造"薛定谔猫态"（即让量子物体处于两个不同状态的叠加态）的实验。[①]没有人（将来也不会有）用真猫做过这样的实验，但"猫态"已经出现在广泛的系统之中，比如单个原子、离子和超导体

①　关于什么是"猫态"，物理学家并未达成一致意见。这个术语通常用来指单个量子粒子处于两种状态的叠加态，但也有人认为，它的确切含义应该是由宏观数量的粒子构成的物体的叠加态。在这种情况下，用猫来做类比可能是合适的。

中的大量电子，实验物理学有一个非常活跃的分支领域，正致力于在更大的物体中创造猫态。

这些实验难度极大，通常需要精密的设备和严格控制的实验室条件。不过，实验涉及的基本物理原理——量子物体会以多种状态的叠加态存在——已经得到了很好的证明。事实上，它是我们理解日常事物（从简单的分子到计算机芯片）行为的必要条件。

把化学键视为猫态

早在量子力学出现之前，电子对的键合范式就对理解化学而言至关重要。通过共用电子填满电子壳层并形成化学键的概念，仍然是化学的一个必不可少的组成部分，但量子力学的完整理论的发展，使我们对化学键的真正意义有了新的认知。

在玻尔–索末菲模型时代，有人曾尝试用双原子分子中围绕两个原子核的明确的电子轨道（例如，大椭圆形和8字环形轨道）来解释分子键，但都不太成功。直到矩阵力学和薛定谔方程推翻了原子内确定的电子轨道的观点，人们才发现这种解释显然是不恰当的。就像现代原子物理学一样，现代量子化学用扩展波函数来描述电子。

在上一章讨论物质稳定性时，我们简单地了解了这些波函数。你可能还记得，双原子分子中电子波函数的一维切片如图8–1所示。

在每个原子核所在位置的附近，都有一个波函数的波峰（在该区域发现电子的概率也会因此变大），电子会在更大的空间区域内扩散，两个原子核亦包含在该区域中。

双原子分子内电子的广泛分布范围，有助于解释分子最初为何会形

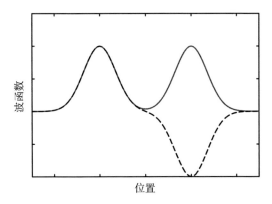

图 8-1　双原子分子中电子波函数一维切片

成。就像我们在第 7 章看到的那样，与被限制在较小范围内的电子相比，运动范围较大的电子往往能量较低。原子对形成化学键的具体原因取决于相关原子的具体特征，但主要原因是电子在两个原子核周围的分布可以减少原子对的总能量。

如果我们进一步深入研究，比较这个分子的波函数与每个原子的电子波函数，就会得到一个有趣的发现：分子中的电子波函数与被两个原子束缚的电子波函数之和相似。分子中电子状态的很多计算方法就源自这个概念。[1]在讨论不确定性原理时，我们通过波长相加的方式将波包组合起来；同样地，在建立共用电子的波函数时，我们也可以从单个原子的状态着手，把它们结合起来，从而找出分子的电子波函数的精确表示。

根据这种观点，分子中的电子与薛定谔想象的那只猫处于同种叠加态。电子并非受原子 A 或原子 B 的束缚，而是同时受 A 和 B 的束缚。这

---

[1]　波函数与两个独立原子的态和并不完全相同，但非常接近。从两个原子波函数之和着手，并稍加调整，使其更好地匹配分子的实际状态，有精确的数学方法可以做到这一点。

让我们可以用另一种方式思考电子壳层填充化学模型中"共用"电子的含义，而且，在考虑包含无数原子的固体的量子属性时，我们也可以用它来增进理解。

多即不同

当我们从谈论单个分子转移至谈论大型可见物体时，就会遇到哥本哈根诠释试图回避的那个问题：宏观物体的量子性似乎不太明显。单个原子吸收和发射的光通常会形成狭窄的离散谱线，而宏观固体吸收和发射的光往往分布在宽广的波长范围内。例如，在某些激光器中用作增益介质的晶体，其发射光的波长范围有几百纳米宽，位于光谱的红光和近红外的区域。用这些晶体制成的激光器可通过滤光片选择并放大特定波长，从而将产生的激光调谐至该范围内的任意波长。

原子发射的窄谱线表明玻尔原子模型的能级是离散的；同理，固体和大分子发射的宽谱线表明，在这些系统中，电子的能量范围更广。我们可以从材料的电行为中找到进一步的相关证据：在一块导电材料上施加一个低电压，就可以让电子轻松地流经该导体；电流随电压平稳增加，没有任何量子态跃迁的迹象。由此可见，宏观材料中的电子似乎能以任意速度移动，这与离散的原子态不同。事实上，我们可以用一个简单的模型很好地描述金属的电性能：电子可在材料中自由移动，只是偶尔会与原子核碰撞而反弹。

这是科学界众所周知的"涌现"现象的一个例子，1972年，诺贝尔奖得主菲利普·安德森（Philip Anderson）在一篇名为《多即不同》（*More is Different*）的论文中对这种现象进行了探讨，使之引起了人们的关注。

安德森指出，在许多情况下，如果有足够多的简单物体——原子、分子、细胞——其表现出来的集体行为就可以利用一系列截然不同的更高层次的规则来描述。

正如安德森指出的，这是科学具有某种层次结构的原因：生物学只是研究足够大的分子集合的化学，化学只是研究足够大的原子集合的物理学，等等。此外，它还为现实世界呈现出丰富繁杂的现象，以及我们利用各种各样的方法研究这些现象创造了条件，因为高级规则与基础规则之间的联系不一定显见的。

尽管如此，但这并不意味着它们之间没有关联，因为高级规则必定是从基础规则中涌现出来的。我们从无数关于单个原子和光子的实验中了解到，微观层面的物理学是完全量子化的，所以宏观物体的行为，肯定能从应用于大型原子集合等简单系统的量子规则的角度来解释。从某种意义上说，宏观材料的电子问题不过是量子物理学所面临的主要困境的一个示例，它也是薛定谔提出他的臭名昭著的僵尸猫的本意所在：我们如何将量子物理学原理和支配我们周围世界的经典规则联系起来呢？

即便在宏观物体中也隐藏些许量子行为，尤其是它们的电性能：固体吸收和发射的光的频率范围宽广，但并不能覆盖整个光谱。特定物质吸收或发射的光有最小波长，这就是一个线索。同样，虽然流经导体的电流与没有发生量子跃迁的自由电子的行为相似，但在绝缘材料中电子似乎被锁定了，如果没有大量的能量输入它们就无法移动。

因此，本章剩余部分的任务就是揭示这些经典属性（宽发射和吸收光谱，流经导体的电流不会发生量子跃迁），是如何从支配电子和原子的量子规则中涌现出来的。与此同时，宏观材料中可见的些许量子行为（光谱中的间隙、绝缘体的属性）也将得到解释。最重要的是，深入了解电性能的量子基础，有助于我们找到操控这些属性的方法。我们将在下文看到，这些知识能让我们创造出制造计算机芯片所需的材料。

从谱线到能带

在理解从离散的容许能级到较宽能带的转变过程时，我们可以从思考单一电子被越来越多的原子共用时会发生什么情况着手。前文说过，分子中共用电子的波函数等于各相关原子的波函数之和。我们从考虑一对原子核共用一个电子的情况开始，正如我们在上一章看到的那样，可能的波函数有两个，我们还利用这两个波函数就对称态和反对称态之间的区别进行了说明。从"猫态"的角度看，我们可以把它们看作"左+右"（对称情况）和"左−右"（反对称情况）。这两种情况下的概率分布非常相似，但在"左−右"状态下，两个原子之间有一个小的禁区，因此能量略高。当我们把两个原子放在一起时，每个独立原子的确定的单一能态就会分裂为分子的两个能态。一个能态的能量略微增加，另一个则降低差不多的量（这是因为电子扩散到更大的区域中），因此电子的可能能量范围变大了。

如果我们引入第三个原子，就会出现更多的可能性。从波函数的角度，我们将得到如图8–2所示的状态：

用猫态术语说，图中状态分别是"左+中+右"、"左+中−右"和"左−中+右"。就像一对原子的对称态一样，"左+中+右"的状态没有禁区——波函数趋于零的点——这意味着它在这三个状态中能量最低。"左+中−右"状态只有一个零点，它的能量略高于前者，而"左−中+右"状态有两个禁区（因为它从正变到负再变回正），因此能量更多。

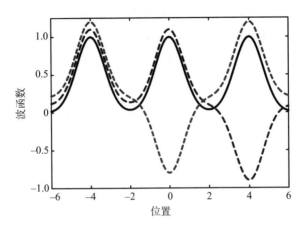

图 8-2　三原子分子中电子的波函数。为便于观察，在垂直方向上稍有偏移

　　这样一来，单个原子中电子的单一能态就增加至分子中电子的三个能态，而且能量各不相同。随着原子的数量从一个到两个再到三个，电子的可能能量范围就会增大，并且随着原子数量的不断增加，这个范围还会继续增大。每增加一个原子，就会增加一系列新状态，这些状态的零点数量不同，因此能量也彼此相同。

　　对原子数量少的分子来说，这个过程会使独立原子的单一谱线转变为许多间距很小的谱线的集合。当电子在能量确定的能态间跃迁时，仍然会吸收和发射离散波长的光，但现在由于彼此接近的能态有很多，因此波长相似但不完全相同的可能跃迁数量也会增多。这些状态中的每一个都像薛定谔的猫一样，可被看作同时受到多个独立原子束缚的电子的叠加态，其中某些原子的波函数是正的，另外一些则是负的。

　　随着原子数量的增加，与这些状态相关的谱线的界线开始变得模糊。当原子数量达到数百万时，就再不适合从有限数量的离散能态的角度描述电子；更不用说原子数量达到 10^{23} 并形成肉眼可见的固体物质的情况了。相反，我们说固体中的电子占据的是彼此间有间隙的连续能带。那么，固体吸收或发射光就会使电子从某个能带移动到另一个能带。[①]能量的变化（进而引起光子的波长和频率发生变化），可以取多个不同的值。一方面，能量接近低能带下限的电子吸收一个波长很短的光子后，可能会移动到能量接近高能带上限的能态。另一方面，当能量接近高能带下限的电子跌落至低能带上限时，将会发射出一个波长相当长的光子。固体与光相互作用的一般方式跟原子相同（吸收、受激发射和自发发射），[②]但在所涉及的光的波长方面，前者的选择范围更大。

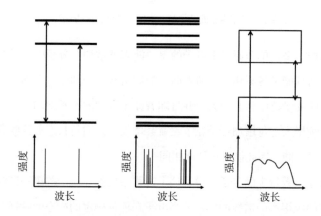

图 8-3　能带的形成。左图：有离散能级、谱线间距较大的原子。中图：小分子的能级分裂，形成多条更加密集的谱线。右图：宏观固体拥有几乎连续的能带，可以在更宽广的波长范围内吸收和发射光

---

① 在讨论导体和绝缘体时，我们会看到在电磁场的作用下电子也可以在能带间移动，但这个过程不会吸收或发射可见光。

② 除此以外，固体还会与晶格发生相互作用，并产生许多让固态物理学家乐此不彼的复杂现象。不过，这些过程与我们准备讨论的现象无关。

　　精确计算吸收或发射光的波长是一个复杂的过程，其结果取决于固体中原子的精确三维排列方式。要弄清楚真实固体的具体能带结构，是一项浩大的计算工作。但是，把电子看作多个原子共用的薛定谔的猫，有助于我们理解一个基本现象：随着原子数量的增加，能态迅速增多并转变成能带，其能隙决定了固体吸收或发射光的波长范围的最大值与最小值。

为什么会有带隙？

　　上文解释了能带的起源，看完后你可能想知道：能带间究竟为什么会有间隙呢？如果固体结构中每新增一个原子，可能的电子能量范围都会略有增加，那么能带似乎应该不断加宽，直至它们融合在一起，从而使电子可以不受任何限制地拥有任意数量的能量。但这种情况并未发生，即使最大的固体，有些能量范围也是绝对的禁区。这些"带隙"之所以存在，是因为电子的波动性，无独有偶，热带鸟类羽毛的鲜艳色彩也是出于同样的原因。

　　物理学和生物学之间的令人惊叹的相互作用之一体现在某个种类的鹦鹉身上，它们明亮的蓝色羽毛中不含任何蓝色色素。也就是说，如果你严格按照蓝色羽毛的化学成分制作一块固体材料，那么它看上去不会是蓝色的。从化学的角度说，这些羽毛和人类的指甲都是由相同的蛋白质构成的，而这种蛋白质本身是浅灰色、半透明的。颜色并非材料固有的，而是羽毛的内部结构作用的结果。

　　如果你用电子显微镜观察热带鸟类的蓝色羽毛，就会发现角蛋白丝构成的海绵状网络之间有几百纳米的间隙。这些间隙加上光的波动性，能阻止蓝光穿过材料，从而产生了我们看到的蓝色。

我们可以通过该材料的一个一维切片来理解其中的机制，光线在这种材料中只能径直向前传播，或者在碰撞到间隙为数百纳米的角蛋白丝的规则结构后直接反射回去。光波在传播过程中，每次碰撞到角蛋白丝都会有微量的光直接反射回去。

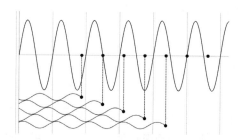

图 8-4 光波碰撞到间隙小于波长的角蛋白丝后发生的变化。不同相的反射波彼此发生相消干涉，因此光几乎不反射

这些反射波会与入射波，以及来自其他角蛋白丝的其他反射波汇总在一起。如果角蛋白丝的间距比光的波长小，就会产生许多不同相位的反射波。反射光的总量取决于这些反射波的和，但它们大多会相互抵消。这种颜色的光几乎不反射，因此光波穿过材料时只有很小的衰减。

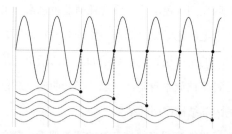

图 8-5 光波碰撞到间隙等于波长的角蛋白丝后发生的变化。同相的反射波彼此发生相长干涉，而与入射波发生相消干涉，从而阻止光在该材料中传播。因此，几乎所有的光都会发生反射

　　但是，当角蛋白丝的间隙与入射光的波长非常接近时，反射波彼此同相，而与入射波则不同相。在这种情况下，若把反射波汇总到一起，就会产生一个更大的反射波，并与入射波相互抵消。因此，这种波长的光无法穿过角蛋白丝网络，而是全部反射回去。

　　构成热带鸟类羽毛的海绵状角蛋白丝网络的间隙约为400~500纳米，相当于可见光谱中蓝/紫端的波长。光谱中的红光波长为600~700纳米，可以从中通过，但蓝光会发生强烈反射，因此，即使羽毛中没有任何蓝色色素，也会呈现出明亮的蓝色。[1]

　　如果角蛋白丝的间隙不是波长的整数倍（在这种情况下，各种反射波仍会彼此同相并形成波长较短的反射光），那么波长明显小于间隙的光应该也可以传播。不过，这些反射光不会影响我们对鸟类羽毛颜色的判断，因为它们的波长太短了，人类的视觉根本无法感知。

　　我们可以从类似角度理解固体材料中的带隙。固体材料中的原子形成一个晶格，即间隙为原子间的分子键长度（通常约为0.2纳米，但根据相关特定元素和分子键的类型而略有不同）的规则原子阵列。从晶格中通过的电子波碰撞到构成晶格的原子后会发生散射，并沿原路返回。如果电子的能量对应的波长与晶格中原子的间距相当，这些反射波就会相互叠加并抵消原始波，这意味着携带这些能量的电子根本不可能存在于这种材料内部。因此，无论晶格中有多少原子，这些能量对应的电子波长都会以与原子间距相同的间隙十分整齐地排列起来。也就是说，能

────────────────

[1]　这种结构色现象在鸟类中较为普遍，但通常只限于蓝色。热带鸟类的红色羽毛的颜色源于红色色素分子，所以羽毛的材料本身是有颜色的。鸟类和蝴蝶还会利用光的波动性，制造出随视角变化的虹彩。这个过程不同于上述现象，它与结构（例如相互重叠的薄鳞片）的不同层之间的干涉有关。

带间总会有间隙。

　　现在，这两个效应（固体中的所有不同原子共用的猫态电子，以及产生带隙的波干涉）为我们现在理解物质内部的电子提供了基础。认真思考这两个效应，我们就会发现，当原子数量足够多时，可以得到一组宽广的容许能带，带隙的能量和宽度取决于晶体中原子的排列方式。[1]这种能带与带隙结构，加上泡利不相容原理，不仅可以解释大多数常见物质的电性能，还让我们运用硅制造现代计算机成为可能。

绝缘体和导体

　　思考原子间的共用电子和电子在晶格内的运动，有助于解释原子的窄容许态如何变成了固体分子中带有间隙的宽能带。但我们的量子理论还需要解释一个问题：它们是如何决定材料的电性能的？研究表明，这个过程有点儿像化学反应。元素的化学反应性取决于原子内电子填充可用能态的方式（外部"壳层"部分填满的原子更容易通过放弃或接纳电子而发生化学反应），同样地，特定材料是绝缘体还是导体取决于固体中电子填充能带的方式。固体的电性能最终取决于进入它的最后一个电子的能量在能带结构中所处的位置。

　　乍一看，确定"最后一个电子的能量"似乎是一项不可能完成的任

---

[1]　当然，我们略过了若干技术细节：正确计算出三维晶体的能带结构是一个计算密集型过程，通常会花费物理学家的大量时间；通过实验测量这些能带结构以检验计算结果，是另一项重要工作。这是一个庞大且活跃的研究领域，而我们在这里描述的只是它的基本概念。当然，我们也会使用少量"球形奶牛"模型，因为并非所有材料都有完美、规则的晶体结构。处理非规则晶体的物质，是另一个重要的研究领域。

务，因为即使很小范围的一个连续能带也会包含无限个可能的状态。然而，把能带看作连续的只是一个方便之举。能带仍然是由界限分明的离散能态组成的，只不过这些能态数量多、间距小，以至于看上去好像是一个连续区。但事实上，能态的数量是有限的，所以当我们想象向能带中添加电子时，根据泡利不相容原理，每个电子都会占据一个特定状态，下一个电子只能做出其他选择。

　　第一个电子进入并占据可用的最低能态，第二个电子进入并占据另一个可用的最低能态，以此类推。这与电子进入原子并填满电子壳层的方式相同，电子壳层是使周期表中的元素化学性质各不相同。由于这个过程涉及的能态与电子的数量几近无穷，它需要用到的数学知识比原子问题多一点儿，但微积分为我们处理这类问题提供了容易理解的工具。随着原子数量的增加，能态和可用来填充这些能态的电子数量都会相应增加，但这两个效应会相互平衡，因此对于有特定晶体结构的特定物质，我们发现电子最终都会填充所有能态，使其达到一个特定能量。

　　加入样品的最后一个电子的能量被称为"费米能量"，它是以恩利克·费米的名字命名的，他发明的统计技术被用于描述大量电子的状态。费米能量可能相当大，如果我们把它视为移动电子的动能，那么它对应的是大约每秒100万米的速度或者几万摄氏度的温度。

　　不过，对与整块材料中的共用电子有关的这些能态而言，我们不应该这样理解，因为特定电子并不在特定的位置上，也不是以约百分之一的光速在材料中快速穿行。电子的能量大小不一，加入样品的第一个电子与最后一个电子的能量差别很大。这种能量与固体内电子的运动有关，原子中电子的动能也与电子的运动有关，但固体内电子的旋转方式与原始波尔模型的设想并不相同。

对高能电子的这些认识使对电流的理解变得越发复杂，但情况并不像我们想的那么糟糕。费米能量定义了物质的基态：电子以其特有的内能移动，但整体而言，它们不会去到其他地方。简言之，在任一时刻，向左移动的电子和向右移动的电子一样多，因此没有从一个地方到另一个地方的电子净移动。尽管一个包括费米能级在内的所有可用能级均被填满的不受干扰的量子固体，其内部电子可能在做各种疯狂的运动，但它的表现与内部完全没有电子运动的经典固体十分相似。

当电流通过导体时，电子会沿特定方向流动。从能带的角度看，这意味着一些起初向右移动的电子现在也必须向左移动，从而形成电子的左向净流动。[1]但是，我们不能直接通过改变费米能量以下能态的电子运动方向来实现这个目的，因为根据定义，费米能量以下的电子向左移动的所有能态都被填满了。要实现电子的左向净移动，就必须让一些电子跃迁至费米能量以上的能态。

如果费米能量位于容许能带的某个中间位置，这个过程就会变得相对简单，因为费米能量以上还有一些空态。激发电子进入左向运动的开放能态，需要的能量极少，施加一个小电压就可以轻松实现。能态间的差别非常小，整个过程看起来就像能态的平稳增加，从所有电子都不运动的能态移动至有少量电子朝某个方向运动的能态，所以我们不会把它视为量子跃迁。由此可见，如果费米能量位于部分填充的能带之中，该

---

① 向右流动的电流被称为"约定电流"，几十年来，这个奇怪的物理学现象一直让电子学专业的学生困惑不解。我们可以将它归咎于本杰明·富兰克林（Benjamin Franklin）。在现代模型中，有一类电荷可以移动而其他电荷则保持静止，富兰克林是这一模型的有力支持者。但遗憾的是，他做出了一个错误的猜测，认为移动的电荷是正电荷。

材料就是导体。

　　如果费米能量位于满带的顶部，电子朝恰当方向运动的下一个可用能态则位于带隙的远端。要在这种情况下形成电流，需要输入的能量通常远大于激发一个电子所需的一个短波长光子。符合这个条件的材料也许可用作光探测器，因为只在光照射它并激发出一些电子时，材料内部才会产生电流，而施加电压的方法难以获得所需能量，而且与量子跃迁非常相似。因此，费米能量位于能带顶端的材料是电绝缘体，除非在极端环境下，否则它们不会负载电流。

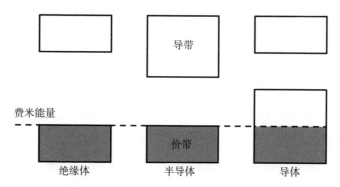

图 8-6　绝缘体、导体和半导体的能带。费米能量以下的能态被电子填满（阴影区域）

半导体的广泛应用

　　在大多数情况下，某种材料是导体还是绝缘体，是日常生活中涉及电时最重要的分类问题。绝缘体是木头、塑料、橡胶等可以防止我们触电的材料，而导体大多数是金属，一旦插入墙上的插座就有可能造成可怕的后果。我们可以利用固体内电子的量子模型来理解这种分类方式是如何产生的，以及如何对不同材料进行分类。

不过，科学模型是否真正有效，不仅要看它能否解释简单明了的现象，还要看它能否预测其基本原理预示的其他更微妙的效应。好的模型有助于科学家利用这些潜在的现象取得有益的新成果，因此，对固体而言，量子物理学最重要的应用是在半导体材料领域。

顾名思义，半导体本身并不是特别好的导体。但是，只要稍稍改变它们的组成，就可以操纵它们的电导率，而且，这一特性最终将猫态、泡利不相容原理和如今无处不在的计算机芯片联系在一起。

从能带结构的角度看，半导体只是带隙相对狭窄的绝缘体。费米能量位于满能带的顶端，但满"价"带和空"导"带之间的能量差足够小，以至于样品内部的热能可以自然地激发一些电子。就像我们在第2章讨论的普朗克振子一样，每个电子都能从材料中获得热能。与带隙相比，任意一个电子获得的平均能量都很小，更无法与费米能量相提并论，但是少数电子可以获得比平均能量多的能量，最终进入更高的能带。这样一来，它们就进入了便于导电的状态，因为有大量的空态与任意方向的运动相对应，这种材料也因此具备了输送小电流的能力。

硅和锗元素是天然的半导体，但纯净的硅和锗样本就没有多大的用处。要让它们变得有用，我们可以掺加微量其他物质，以显著增加它们的电导率。有两种方法可以实现这个目的：

增加纯硅电导率的一种方法是，添加极少量的在周期表中位于硅右侧一列的某种元素，通常是磷或砷。这些元素比硅多一个电子，但除此以外，它们的化学性质与硅有很多相似之处，因此，只要添加的量少（通常大约为每100万个硅原子中加入一个磷原子），它们就可以融入晶格，而且不会过分扰乱能带结构。正因为如此，硅计算机芯片的生产是由身着宇航服的人在"洁净室"环境中完成的。即使受到微量外部粒子的污染，也会搞砸整个制造过程。这种"掺杂"带来的主要变化是，增加一些电子能量低于导带的离散能态。一开始就处于这些状态的多余电子很容易被激发至导带，从而增加半导体的输送电流的能力。

在导带中加入电子似乎是增加半导体的电导率的唯一方法，但实际上，相反的过程同样有效。将周期表中硅左侧一列的元素掺杂到纯硅中，可以从价带中移除电子，这也能增加其电导率。硼等原子的化学性质也与硅非常相似，但它们比硅少一个电子。掺加微量的硼，恰好可以添加若干能量高于价带的空态。较低能带的电子容易受激并进入这些空态，而且一旦进入，就很难逃逸。

从价带中移除电子看似不会增加电导率，但有意思的是，事实正好相反。硅电子被掺杂的硼原子捕获后，材料内部的海量电子中就会留下"空穴"。当在材料上施加电压并形成电流时，余下的这些电子就会随之移动，从而改变空穴的位置，使其看上去在以与电子相反的方向移动。

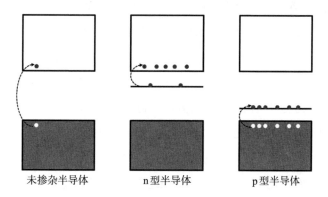

图 8-7　不同类型半导体的能带示意图。在未掺杂半导体中，热能激发微量电子从价带跃迁至导带。在 n 型半导体中，位于导带下方的施主能级可以提供更多的电子，电导率增加。在 p 型半导体中，位于价带上方的受主能级捕获一些电子后，留下了可以输送电流的空穴

　　从行为方面看，电子满带中的这些空穴就像在空带中移动的带正电荷的粒子。它们通过运动输送电流的方式与金属或掺杂了磷的硅样品中的电子运动方式非常相似，都可以增强材料的电导率。[1]

　　因此，在半导体中添加电子和从半导体中移除电子，都能提高其电导率。n型半导体（添加电子，如掺磷硅）和p型半导体（移除电子，如金刚石硅）之间的关键区别主要在于它们在磁场中的行为，因为磁场会将带正电荷的空穴和带负电荷的电子推向相反方向。根据这一现象，我们在研究新材料的属性时，可以通过简单实验来区分这两类半导体。这种磁响应也是你智能手机中的磁场传感器的作用原理，当你在不熟悉的地方导航时，磁场传感器可以起到指南针的作用。但除此之外，一块掺杂半导体材料到底是p型还是n型并不重要。

　　不过，如果把一个n型半导体贴在一个基本组成相同（例如，都是硅）的p型半导体上，就会发生令人吃惊的事。当你在pn结处施加电压时，这两类半导体就会因为它们的区别而表现出截然不同的行为特点，具体情况取决于施加在每一边的电压正负号。如果在p型材料上施加正电压，在n型材料上施加负电压，就会有电流产生。p型材料中的空穴会以远离正电压的方向，朝着两类半导体的边界移动，而n型材料中的电子则会以远离负电压的方向，朝着边界移动。当两者相遇时，从n型材料流向边界的电子就会填补从p型材料流向边界的空穴。与此同时，新电子被推入负电压端的n型材料，而正电压端的电子被拉出，形成新空穴。这个过程可以无限地持续下去，因此电流很容易流经连接处。

————————————

[1]　但与电子不同的是，"空穴"的移动方向与材料中的约定电流的方向相同。

然而，如果将电压的正负号调换过来，情况就会截然不同。施加在 p 型材料上的负电压会将带正电荷的空穴拉向它并远离 pn 结，而施加在 n 型材料上的正电压则会将电子拉向它并远离 pn 结。随着材料自身的重排，会产生非常短暂的电流，但由于缺乏新电子，电流无法维持下去。

因此，虽然掺杂半导体本身并不那么有意思，但在 p 型和 n 型半导体材料之间的 pn 结处的确会发生非常有意思的事。两者的结合可以形成一个二极管，即只允许电流朝某个方向流动的装置。二级管在日常技术中有各种各样的应用，主要是保护那些只容许电流流向特定方向的元件。如果选用的半导体材料恰当，电子与空穴就会在 pn 结处重新结合，并释放出光子，光子的频率取决于半导体的带隙。几十年来，这种发光二极管（LED）一直被用于时钟和其他设备的节能灯。最近，由于技术

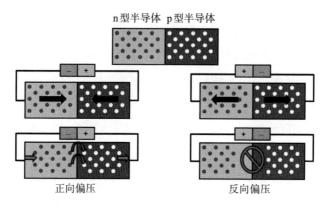

n 型半导体　p 型半导体

正向偏压　　　　　　　　反向偏压

图 8-8　二极管中电子和空穴在不同电压作用下的运动示意图。n 型半导体上的负电压将电子推向边界，在那里它们与被 p 型半导体上的正电压推向边界的空穴结合。新电子不断流入 n 型半导体和流出 p 型半导体，由此形成连续电流。如果调换电压正负号，就会将电子拉向正电压和将空穴拉向负电压，由此在边界处留下一个耗尽区，阻断电流

的发展，LED已经成为计算机显示器和住宅照明的不可或缺的组成部分。①人们还利用LED技术，把经过抛光处理的半导体芯片的前后两面作为激光腔的"镜子"，制成了一种激光器。最终，这种功能强大但只有1厘米大小的激光器，被应用于光存储介质（如CD、DVD和蓝光播放器）、超市条形码扫描器、激光指针及其他设备的数据读取。

如果我们添加第三层材料，比如在两层n型半导体之间夹一个p型半导体薄层，就会形成一个更有趣的设备。这个三层叠加结构看起来有点儿像两个背对背的二极管。如果各个层的掺杂程度都恰好符合要求，那么在其中一端和夹层之间施加一个较小的电压，就会触发一个大得多的电流，从另一端流经夹层。电流的大小随电压发生变化，施加的电压越大，电流就越大。这个装置就是一个晶体管，它是各种电放大器的一个关键元件。"晶体管收音机"是20世纪50年代的前沿技术，它用紧凑的晶体管放大电流并驱动扬声器，取代了之前的收音机使用的体积大且容易发热的真空管。这为第一台便携的、电池供电的音频播放器的问世创造了条件，也为随身听、苹果播放器iPod以及现代社会中随处可见的智能手机的出现奠定了基础。

如果你设计的电子产品只使用了两个电压等级，而没有采用连续变化的音频信号等级，那么晶体管将起到数字开关（有电流或没有电流）的作用，这是计算机处理器的关键元素。一个完整的晶体管阵列可用来表示二进制数字，更复杂的晶体管电路还可以对这些数字进行数学运算。

---

① 2014年的诺贝尔物理学奖被授予了赤崎勇（Isamu Akasaki）、天野浩（Hiroshi Amano）与中村修二（Shuji Nakamura），以表彰他们发明了蓝色LED。

这是现代计算机技术的基础。基于大量真空管的第一台通用电子计算机建造于 20 世纪 40 年代。第一个晶体管是 1947 年发明的，[①]之后不久，半导体晶体管开始取代真空管，先是作为独立元件，然后是以"集成电路"的形式，即将多个电子元件组装成单一的硅块。在制造集成电路时，先改变各材料层的掺杂程度，然后将它们排列起来，最后通过刻蚀将其制成几纳米大小的晶体管。

一个一平方厘米左右的芯片能包含几十亿个相互连接的晶体管，它们被排列成处理二进制数据所需的电路。这些半导体"芯片"比真空管更紧凑，所需电能也更少，所以它们很快就成了电子数据处理的标准。

本章开头提及的阿波罗导航计算机是最早的集成电路计算机之一，[②]从那时起，基于芯片的计算机性能就有了指数级提升。今天，一部略显过时、可轻松装进衣服口袋的智能手机，就拥有许多倍于阿波罗登月计划所用计算机的处理能力。

所有基于半导体的处理能力，以及用于屏幕显示的发光二极管和放大声音的高功率晶体管，都是通过量子力学实现的。了解电子的波动性如何在大量原子的集合中形成带隙结构，以及如何操纵这种结构去改变材料的电性能，不仅对于笔记本电脑和台式电脑的设计至关重要，对于

---

① 物理学家约翰·巴丁（John Bardeen）、沃尔特·布拉顿（Walter Brattain）和威廉·肖克利（William Shockley）因为这项发明而获得 1956 年的诺贝尔物理学奖。巴丁一生中共获得两次诺贝尔奖，另一次是在 1972 年，因为提出超导电性理论而与莱昂·库珀（Leon Cooper）、罗伯特·施里弗（Robert Schrieffer）共享诺奖。

② 不过，这台计算机不是纯粹的集成电路计算机，因为它的很多指令是通过硬连线接入由小线圈组成的"磁芯存储器"的。

现代生活中使用的几乎所有计算机，从冰箱到汽车再到烤面包机，也都不可或缺。现代物理学把电子视为波，波的行为又受到著名的薛定谔方程的支配。而且，就像薛定谔的那只臭名昭著的猫一样，波可以同时处于多种状态，这为我们把无趣的硅块最终变成革命性技术创造了条件。

 第 9 章

磁体：让物理学家乐此不疲的磁性材料

我小心翼翼地打开冰箱，以免碰掉**靠磁体吸附在冰箱门上**的那些艺术品……

磁体之间或者磁体和金属之间的作用力，是基础物理学中最吸引人的内容之一，老少皆如此。在我孩子上的那间托儿所，最经久不衰的玩具之一是一组形状简单的塑料磁力积木。它们的边缘有磁体，因此可以彼此吸在一起。几乎每一天，孩子们都会用它们搭建出精巧的新结构。本地的科学博物馆利用一块巨大的马蹄形磁铁和几把钢垫圈，就吸引了许多人的注意力，可见成年人跟孩子一样，也对这块磁铁到底能吸住多长一串钢垫圈感到好奇。

事实上，磁体是吸引人们进入物理学领域的"入门毒品"。爱因斯坦无法忘记小时候被指南针迷住的经历，那个总是把指针拉回北方的看不见的力让他好奇不已，以至于他一生都在思考自然的力量。我认识的物理学家大多都有与磁体有关的儿时记忆，比如，试图让一块小磁铁悬浮在一堆大磁铁上方。[①] 即使对成年人来说，这种吸引力依然存在，磁性桌面玩具是各地物理系教师办公室的共同特征。

　　尽管我们都对磁性很熟悉，但它的作用原理也是出了名的难解释。在一个摄制于20世纪80年代的常常被分享的采访短片中，著名物理学家理查德·费曼直截了当地宣布，"我真的没办法用你们较为熟悉的其他东西来解释磁力，因为我也没办法借助你们较为熟悉的其他任何东西来理解磁力"。[②] 再举一个不那么引人入胜的例子。2009年，说唱金属乐队"疯狂小丑波塞"在歌曲《奇迹》中唱道："该死的磁体，它们的工作原理到底是什么？"，由此引发了上千次试图解释磁体工作原理的失败尝试。

　　一个如此常见的事物——我们会用它把简笔画固定到厨房电器上——却很难用非技术语言来描述它，这似乎有些奇怪。但是，物理学本就极其复杂，并依赖于特定材料的微观结构的微妙细节。当然，正如你可能猜测的那样，它最终可以追溯到量子：如果没有电子自旋和泡利不相容原理，我们做演示时用来固定纸的永磁体就不可能存在。

磁导航

　　当人们问"磁体的工作原理是什么？"这个问题时，他们其实问的

---

① 用静止的磁体无法做到这一点，但如果你利用磁铁制作一个可快速旋转的玩具，就真的能让它悬浮在半空中。该玩具叫作"磁悬浮陀螺"，经常用于物理演示实验。

② 引用这句话对费曼来说有点儿不公平，因为总的来说，费曼其实非常重视"为什么"的问题。不过，人们在试图解释磁性的物理学原理之前，经常把这句话用作免责声明。显然，这句话引起了人们的共鸣。

是两个独立但又相关的问题。永磁体是一块可以在其附近产生磁场的宏观材料，要回答上述问题，方法之一是参考磁场的一般行为。从物理学的角度看，这是两个问题中更容易解决的一个。磁场的性质早在19世纪中期就被弄清楚了，那时麦克斯韦用他的方程展示了电流和变化的电场如何产生磁场，反之亦然。

遗憾的是，尽管通过麦克斯韦方程，我们可以直观地理解如何通过移动带电粒子创造磁场，但它们并未回答关于永磁体的另一个问题，即为什么这些惰性材料最初会自发地产生磁场？毕竟，天然的磁铁矿中似乎没有任何电流在流动，但它们却产生了强大的磁场。至少从公元前6世纪开始，人们就已经知道某些矿物有吸引金属的属性，希腊、印度和中国都有相关记载。至少从11世纪开始，这一属性就得到了实际应用，当时的中国人已经在用磁罗盘导航。尽管历史悠久，但直到20世纪，这些矿物的磁性来源仍然是一个未解之谜。

永磁体的存在难以解释，是因为它涉及多个级别的物理学。原子尺度上的物理学显然与之有关，因为天然形成的磁性材料都含有铁，而且只有少数其他元素具有明显的磁性。但原子尺度的物理学无法完整回答这个问题：许多含有大量铁的材料，包括许多钢合金，都没有磁性，由此可见，材料的晶体结构也起到了一定的作用。当然，所有事物归根结底都是由基本粒子拼凑而成的，所以从根本上说，磁性行为必然与单个质子和电子的行为有关。

磁体的最有效的应用——罗盘指示方向的恒定性——在让磁性问题变得更复杂的同时，也突出强调了另一个问题：从根本上说，磁相互作用比带电粒子之间的静电引力或斥力更复杂。粒子的电荷是一个单一值，如果你知道电荷，立刻就可以知道电场对粒子的作用力。两个相互作用的电荷的能量，取决于它们各自电荷的正负号和大小及它们之间的距离，除此之外别无其他。

不过，磁荷与电荷没有相似之处——所有的磁北极都必定有一个与之对应的磁南极——因此磁力不仅取决于简单的磁荷，而且取决于方向。任何玩过条形磁铁的人都知道，两个磁铁之间的磁力强弱，甚至是吸引力与排斥力的转变，都取决于它们的磁北极指向。要想知道一对磁体的能量，不仅需要知道它们的强度和间距，还需要知道它们的磁北极的夹角。

由于磁性对方向的依赖，我们需要花费更多的力气去确定磁性粒子的行为。就像电场一样，磁场也有方向，但要确定磁场对放置在其中的磁性粒子的影响，还需要追踪粒子的方向。我们在计算大量磁体的属性时，也需要加入这项信息，并有可能因此发现全新的集合现象。大量磁体都指向相同的方向，相较于每个磁体的北极都与其相邻磁体的北极指向相反的方向，两者肯定是截然不同的现象。

很多物理现象都可以运用同一个基本原理来解释：无论我们在什么尺度上研究，所有物理系统总在尽力寻找可能的最低能态。我们也可以用它来解决磁性的多重尺度带来的复杂性问题。寻找最低能态，需要平衡特定物体（无论是基本粒子、原子，还是一小块矿物）与宇宙其他部分之间的各种相互作用的能量消耗。记住这一点，我们就找到了一个简单可靠的"向导"，在面对复杂的永磁体问题时为我们导航，就像指南针总是指向北方一样。

一般来说，无论在哪个尺度上，当磁性物体的北极与它所在位置的磁场指向相同时，该物体的能量最低；而如果两者的指向相反，则该磁性物体的能量最高。指南针的工作原理是：地核中的电流产生一个大规模的磁场，因此地球表面的每一点都位于一个指向特定方向的小磁场中。指南针是一种小而轻的永磁体，可以围绕它的中心自由旋转以减少其能量；当指南针的北极差不多指向地球的北极时，它的能量最低。我们依据可自由旋转的磁体指向的地理方向，将磁极定义为"北极"或"南极"。但依据惯例，磁体周围的磁场在磁北极区域指向磁场外，在磁南极区域指向磁场内，而中间区域的磁场线则形成闭合回路（在一些常见的演示中，条形磁铁周围的铁屑就表现出这个特点）。磁场的这种由北向南的方向意味着，我们所说的地球"北极"实际上相当于普通磁体的南极。①

调整个体磁体的方向，使它们与附近的其他物体产生的磁场方向一致，这样做不仅会改变这些磁体的能量，还会改变个体磁场通过相互叠加在磁体群周围形成的磁场。如果这些磁体首尾相连，最低能量的排列方式就是让所有磁体的北极都指向同一个方向。在这种情况下，个体磁场的叠加就会形成一个更强的磁体。如果采取并排的方式，这些磁体的北极就倾向于指向彼此相反的方向。在这种情况下，个体磁场会在很大程度上相互抵消，从而形成一个较弱的磁体。

在由具有磁性的较小粒子组成的三维材料中，必然有一些粒子是并排放置的，因此绝大多数材料都是非磁性的。即使像铁和铬这样的强磁性原子，当它们结合成矿物或合金时，也会变成非磁性形式，因为这些磁性原子在分子和晶体中能量最低的排列方式，就是相邻原子的北极指向相反的方向。

---

① 对物理学导论课来说，这是一个非常好的问题。地磁北极与地球旋转轴的北端有一个微小偏差，所以地磁北极与真北极之间也有一个微小的偏差，其大小取决于你所在的位置。不过，两者之间的区别众所周知，好的导航地图上都有标记。

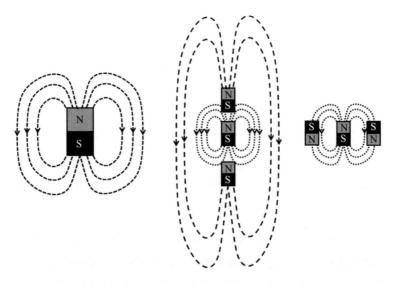

图 9-1　单一磁体的磁场线，以及多磁体群的最低能量组态。磁北极同向、首尾相连的磁体排列在一起，会产生一个更大的集体磁场（中图）；而当磁体并排放置时，它们的磁场会相互抵消

　　想要制造出强永磁体，就要想办法把这些粒子放在一起，并且保证当个体磁性组分的北极指向相同时，它们的能量在所有尺度（即基本粒子、磁性原子和矿物块）上都是最低的。要实现这个目的，不能仅依靠磁相互作用，还需要通过另一种相互作用增加非磁性状态的能量，从而使磁性状态变成更好的选择。这种排列方式很难实现。最后，我们不仅需要考虑电子之间的静电斥力，还需要再次考虑泡利不相容原理。

磁性电子

　　磁性始于基本粒子层级，电子的内禀磁性是永磁体磁场的最终来源。基本粒子对之间的相互作用也清楚地说明，能量平衡支配着整个过程。

我们在第 6 章第一次介绍泡利不相容原理时就已经看到，单个电子具有"自旋"这种纯粹的量子属性，而且它只有两个可能的自旋值。自旋赋予电子少量的磁性，当有磁场存在时，自旋的两个值产生略有不同的两种能态。它们通常被称为"上"和"下"，这取决于电子的内磁体指向与局域磁场相同还是相反。

当然，电子的磁性不只是给了它一个择优取向，还会创造出一个磁场，影响附近的其他粒子。位于第一个电子附近的第二个电子倾向于让它的自旋方向与第一个电子的磁场方向一致，由此形成择优取向，这个方向取决于它与第一个电子是首尾相连还是并排排列。如果我们只考虑磁相互作用，电子就会倾向于排成长链，而且与其相邻长链的自旋方向相反，最终整体的排列方式不会产生净磁场。

当然，两个极为接近的电子不仅有磁相互作用，它们也会感受到静电作用。此外，由于都带有负电荷，它们之间还有强烈的斥力。这种斥力比微弱的磁相互作用强得多，所以两个电子挨在一起的时间非常短，以至于它们之间的磁相互作用根本来不及产生影响。虽然这对电子可以通过自旋方向相反来降低它们的能量，但通过彼此远离来降低能量的效果要好得多。结果是，这两个电子间的距离足够远，以至于微弱的磁相互作用不会产生任何明显的影响。

不过，如果两个自旋粒子待在一起的时间长一点儿，这种磁性就会产生可测量的影响。如果我们把一个电子和一个正电子（即电子的反物质，带正电荷）放在一起，并且让它们靠得很近，它们就可以通过电荷之间的吸引力形成一个短命"原子"。和在普通原子中一样，这两个粒子可以通过靠得更近来降低它们的能量，但随着体积变小，它们的动能就会增加，两者之间的平衡决定了这个原子的最优尺寸。它们的相互吸引力使这个"正电子素原子"中的电子和正电子足够接近，以至于它们之间的磁相互作用产生了可测量的影响。根据电子和正电子自旋的相对排列，正电子素的最低能态分裂成两种状态：当两个北极同向时，能量略高；当两个北极反向时，能量减少。这些状态之间的"超精细分裂"已在实验中被测量到：正电子素有一条位于光谱微波区域的谱线，对应于频率约为203吉赫兹的光子。

　　这种磁相互作用在更常见的物质中也会发挥作用。质子同样有量子自旋属性，并会产生磁场，所以，与质子结合形成氢原子的电子，它的能量也会因两者之间的磁相互作用而发生移位，从而将氢原子的最低能态一分为二。两种能态的能量差相当于一个频率为1.4吉赫兹的光子，位于光谱的无线电波区域，[1]氢在这两种能态之间移动时发出的光，是射电天文学家研究遥远的氢气云的重要工具之一。

　　在这两种情况下，磁相互作用的能量都只会对静电作用产生微扰，正电子素中两个超精细能级之间的能量差，大约是两个最低能量电子轨道之间能量差的1/10 000。正因为如此，原始玻尔模型才能完全忽略磁相互作用：在基本粒子的尺度上，静电作用绝对可以让任何磁效应相形见绌。不过，到了多电子原子的尺度上，情况变得更加复杂，并且随着泡利不相容原理开始发挥作用，极其强大的静电作用就成了产生磁性原子和磁性矿物的一个关键因素。

---

[1] 氢原子的能量移位比正电子素小得多，因为质子产生的磁场比电子或正电子产生的磁场小得多。

磁性原子

我们可能会错误地认为，原子尺度上的磁性源于旋转电子具有与电磁体中的电流相似的行为。尽管这个观点与经典电磁学中的麦克斯韦方程高度吻合，但它与证据不符。宇宙中的每一个原子都包含绕核旋转的电子，但只有周期表中间区域的少数元素表现出显著的磁性。原子中的磁性可能不只是电子轨道运动的结果。[①]

把轨道运动视为磁性来源的观点是原始施特恩–格拉赫实验的基础，我们在第 6 章中讨论过，该实验用一个特殊磁体将银原子束一分为二。遗憾的是，物理学家在分析施特恩和格拉赫的实验结果时发现，该理论与原子的行为并不相符——轨道运动的差异应该把原子束分成至少三个部分，但施特恩和格拉赫只看到了两个。他们的结果表明，存在一种只有两个值的电子属性，即自旋。而且，它还清楚地暗示原子中的磁性最终源自电子自旋。[②]

因此，磁性原子的形成过程，就是让电子在原子内部产生的微弱磁场相互叠加从而形成一个更大的磁体。这意味着要让电子的自旋指向相同的方向，也就是让它们的"北极"一致。但是，这个目标面临着一个主要障碍：电子之间的磁相互作用偏爱自旋方向相反的状态。

乍一看，泡利不相容原理似乎会让情况变得更糟，因为它禁止任何

---

① 从某种程度上说，这是因为电子顺时针旋转和逆时针旋转的概率是一样的，两种可能轨道的磁性相互抵消。

② 电子的轨道运动的确会影响它们与磁场间的相互作用，引发塞曼效应，即当原子被置于磁场中时，单一能态会分裂成多个亚能级。但是，这些亚能级并不会在原子外创造出可以为永磁体提供能量的磁场。

两个电子拥有完全相同的量子态（取决于n、l、m和s这4个量子数），并且按照这个原则组成电子对。正如我们在第6章看到的那样，任何特定原子中电子的最低能态都是通过"填充"可用能态（取决于n、l和m）的方式实现的，并且每个能态最多填充两个电子：一个自旋向上（$s = +1/2$），另一个自旋向下（$s = -1/2$）。自旋向上和自旋向下的自然配对解释了为什么元素周期表边缘区域的原子都没有强磁性。这些元素的最外层能级几乎或完全被成对电子填满，它们的磁场都相互抵消了。

但是，在元素周期表中间区域的元素中，泡利斥力与电子间斥力的共同作用，使得电子自旋呈现出彼此对齐的倾向性。这与第7章讨论的泡利原理的更深层次的含义有关，即电子集合的对称性要求。

元素周期表中间几列的元素，其外壳层为半满，电子在排列方式和自旋方向上似乎有几种选择。例如，典型的磁性元素铁有6个电子位于$l = 2$的能态，该能态有5个能量相同但m值不同的亚能级。这些电子有许多种排列方式，但为了理解铁的磁性，我们只关注其中两种：第一种是所有6个电子都只聚集在3个亚能级上；另一种是电子均匀分布，其中只有一个亚能级有一个电子对。

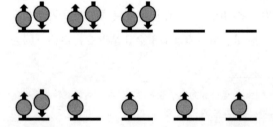

图9-2　在外壳层半满的铁中，电子自旋的两种可能的排列方式，一种没有磁性（上），另一种有磁性（下）

泡利不相容原理规定，当两个电子在同一亚能级配对时，它们的自旋方向相反。上图所示的两种状态都满足泡利不相容原理，但所有6个电子都两两配对的状态没有磁性，而另一种更分散的状态有4个未配对的电子指向相同方向，因此具有强磁性。但是，在这两种排列方式中，所有5个n、l和m亚能级的能量都相同，因此我们似乎没有理由认为其中哪种排列的概率更大。

不过，上面的分析忽略了邻近电子之间的排斥作用产生的能量。随着电子间距的减小，该能量会增加，而且占据同一亚能级空间的一对电子会非常接近。成对电子之间的斥力会增加非磁性状态的能量，这使得自旋对齐的磁性状态成为可用的最低能态。

我们似乎有理由反对上述观点，因为我们可以通过翻转两个未配对电子的自旋，让电子分布到更多的亚能级上，来形成非磁性状态。于是，该状态就有一个电子对、两个自旋向上的电子和两个自旋向下的电子。但泡利不相容原理的对称性驳斥了这个理由，如果我们只考虑两个电子和两个亚能级，就很容易理解其中的道理。

正如第7章说过的那样，泡利不相容原理指出，多电子态的波函数必然是反对称的。因为电子彼此相同并且可互换，如果我们交换两个电子身上的标签，那么该状态的整体可测量属性不会改变，但组合波函数的正负号必定会改变。这个反对称性要求适用于整体波函数，包括电子的空间分布（取决于n、l和m）及其自旋分布，这意味着如果其中一个是反对称的，那么另一个必定是对称的。如果自旋波函数和空间波函数都是反对称的，那么交换标签会两次改变正负号，这相当于什么都没改变——在英语中，双重否定等于肯定；在物理学中也一样，负负得正。

因此，如果两个电子的自旋方向相同，自旋波函数就是对称的，空间波函数则必定是两个可用亚能级的反对称组合。如果两个电子的自旋方向相反，那么这个能态有可能是反对称的，[①]在这种情况下，空间波函数必定是对称的。

我们知道，对于一个空间波函数，反对称态会阻止电子占据更多空间，因此它们的能量略有增加。我们可能会因此认为这是较高能态，对单个电子而言，反对称态的确能量更高。但是，这种反对称排列方式会增加电子的平均间距，回顾一下我们在第7章讨论的两个原子的状态，就能理解其中的原因。那些波函数的禁区位于两个原子中间，会使两个波峰的距离略有增加。

单一多电子原子中的电子反对称波函数不会像分子态那样在两个原子核附近的位置之间发生分裂，而是不同的n、l和m能态在单个原子核周围的叠加。不过，最终结果是一样的：平均而言反对称的轨道组合中的电子间距比对称组合中的电子间距大。距离的增加使因相互排斥而产生的能量减少，而且减少的幅度大于对称和反对称空间波函数之间的能量差。

因此，铁的可用最低能态是外壳层电子分布到所有可用的能级，并且未配对电子的自旋方向一致。这意味着个体自旋创造出的磁场叠加在一起，会形成一个更大的磁场，使铁原子成为一个强磁性原子。同样的基本物理原理也适用于外部壳层半满的其他元素，由此在元素周期表的中间区域形成了具有强磁性的原子群。

---

① 此外，还有一个电子自旋向上和一个电子自旋向下的对称组合，再加上两个电子都自旋向上和都自旋向下的两种状态，通常被称为"三重态"，以区别于反对称的"单重态"。

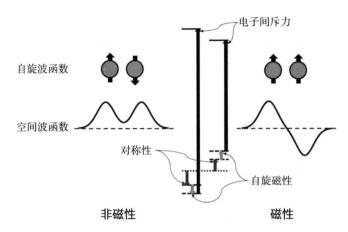

图 9-3　多电子原子倾向于磁性排列方式。非磁性排列方式具有空间波函数对称和自旋一致这两个特点，与不包含这些效应的状态（虚线）相比，两者都可以降低能量，但在这种状态下电子之间的斥力非常强。在磁性排列方式中，反对称空间波函数和自旋间的磁相互作用都会使能量略有增加，但电子间的斥力减小，而且其减小的幅度足以抵消能量的增加

磁性晶体

当然，如上所述，特定元素的原子具有磁性并不意味着这些原子构成的固体就是永磁体；否则的话，自然产生的磁体将无处不在。事实上，在原子水平上具有强磁性的某些元素（例如，铬），它们组成的块状结构几乎没有任何磁性。永磁体的形成，不仅需要原子内电子的自旋一致，晶体内原子的自旋也要一致。

形成磁性矿物的现象归根结底和形成磁性原子的现象一样，都是泡利不相容原理和斥力"交换作用"（这个名称有些误导性）的结果。晶体的结构取决于电子的共用，原子间的距离和它们的三维排列方式亦如

此。正如我们在第8章看到的，晶体的这种结构决定了材料中电子的能带和带隙，而能带和带隙又决定了晶体的许多电学属性。①

我们在前面章节讨论分子和固体时，基本上忽略了自旋的效应（除了泡利不相容原理的能态填充效应之外）和电子间的相互作用。然而，在原子尺度上具有重要意义的自旋，对宏观材料尺度的磁性来说同样重要，而且计算变得更加复杂。但在电子彼此靠近时，它们之间的斥力仍然会增加电子状态的能量。对于反对称空间状态，这种斥力往往会变小，电子自旋是对齐的。

如果矿物是由合适的材料组合而成，其中的铁原子就会保持合适的间距，从而使总能量低于晶体内电子落入反对称空间波函数时的能量。这意味着自旋波函数必定是对称的，而且自旋都指向相同的方向，并相互叠加形成一个更强的磁体。

磁性原子之间是否可以保持合适的间距，取决于化学和晶体结构的微妙细节，这就是磁性矿物如此稀少的原因。即使完全由磁性元素制成的合金，也可以通过改变原子的组合而变得不具有磁性。一种主要由铁组成并包含15%的铬的不锈钢合金，自然具有磁性；而铬含量略有增加且加入少量镍（约8%）的另一种合金，则不具有磁性。

这种磁性行为也很脆弱，它涉及的能量移位通常很小，并且同样依赖于晶体结构的微妙细节。一些非磁性合金甚至可以通过单纯的机械

---

① 电子的状态决定了原子的排列方式，而原子的排列方式又决定了电子的状态，这似乎有点儿循环论证的意味。相关理论计算通常是一个迭代过程：先选择一种看似合理的原子排列方式，然后计算电子的状态，之后重新计算原子的排列方式，看看新的电子状态是否倾向于移位。在自然界中，这是一个自发的过程，成为一个原子比成为一个理论物理学家容易得多。

操作而变成磁性合金：厨房电器中常用的不锈钢合金严格来说是非磁性的，但电器面板的整体流程会在一定程度上改变晶体结构，这就是我们可以用磁体将蜡笔画固定到"非磁性"不锈钢冰箱门上的原因。

当所有因素都以恰当的方式结合在一起时，特定区域的电子自旋方向往往会跟最邻近电子的自旋方向一致，从而将那块晶体变成一个类似于微观磁体的小"磁畴"。不过，即使如此也不足以形成永磁体。自然形成的金属块包含数量庞大、方向略有不同的小晶体，每个小晶体都会形成一个磁畴，其北极指向随机方向。

如果由多个指向随机方向的小磁畴组成的磁性材料暴露在强磁场中，比如，在靠近其表面的位置放一个磁体，所有磁畴就都有可能调整电子方向，使其与磁场方向对齐，以降低自身能量。这会使大量磁畴的南极指向磁铁的北极，磁体和金属之间的吸引力就是这样产生的。磁畴的这种对准效应只是暂时的，当磁场被移除时，所有磁畴就会再次指向最初的随机方向。

要形成永磁体，就必须让这些磁畴的重新排列维持更长的时间。我们可以通过机械方式实现这个目的，如果你有耐心，用磁体摩擦钢制回形针，就可以把它变成一个弱永磁体；或者把材料加热到高温，然后把它放到强磁场中冷却。[1]这会使材料内所有个体磁畴中的电子自旋（大致）对准相同的方向，加在一起就会形成更强的磁体。

---

[1] 甚至还可以放到一个较弱的磁场中冷却，在地球磁场中冷却的岩石，也会被轻微磁化。这是大陆漂移的决定性证据之一：在大西洋中脊的两侧，我们可以看到交变磁化的"条纹"图案，这是因为地球的磁极在数百万年的时间里曾多次改变方向。岩浆向上运动并从洋中脊喷涌而出形成的新岩石，记录了极移和海底扩张的历史。

顾名思义，永磁体一旦形成，往往会保持这种对准方式，尽管个体磁畴的晶体结构可能更偏爱不同的排列方式。虽然让每个磁畴中的电子都指向恰当的方向可以降低材料的总能量，但这个过程的中间步骤会导致能量增加。不过，这种磁性也很容易遭到破坏。当材料被热时，提供给电子运动的热能变得足够多，以至于电子可以随心所欲地调整它们的自旋方向——通常是它们所在磁畴的晶体结构偏爱的方向。因此，磁性材料有一个特定的"居里温度"，一旦高于这个温度，不同磁畴的电子自旋方向将不再对齐，从而使材料失去磁性。[①]

了解从电子自旋到晶体磁畴的相关物理知识，已经帮助物理学家创造出自然界中找不到的磁性材料。尤其是，自20世纪70年代以来，基于钕等"稀土"元素制成的极强磁体已得到了广泛应用，从儿童玩具到磁性数据存储系统，它们无处不在。与我用磁铁将图画固定到冰箱门上的那个时代相比，现在的磁性紧固件总体而言更常见，也更牢固。

磁性数据存储

磁性材料被置于磁场中后，尽管磁畴的对齐排列往往是暂时的，但对某些材料来说，如果外加磁场足够大，就可以让这种排列保持更长时间。一旦对齐，在其他因素——热、机械操作或方向不同的强磁

---

① "居里温度"是以皮埃尔·居里（Pierre Curie）的名字命名的，他最初的研究方向是磁材料物理学。但是，在玛丽·居里（Marie Curie）开始从事放射性研究之后，皮埃尔就放弃了磁性研究，与玛丽一起进行放射性实验。我们将在下一章讨论这些实验。

场——破坏这种新排列方式之前，这些磁畴在磁场被移除后将继续保持它们的新取向。磁畴的这种持久性使这些材料成为数据存储行业的一个重要组成部分。

很多早期计算机使用的是"磁芯存储器"，用于计算的（二进制）位（bit）被临时存储在小块的磁性材料中，并通过在每个位周围的线圈中通电的方法，使其磁北极的方向在两个值之间转换。这些磁体可能相当大，甚至可以产生能被附近的无线电接收到的信号。我上大学时的一位计算机科学教授讲过一个故事，他设计的穿孔卡片程序能以一种恰当但漫无目的的方式翻转位，从而让其中一台电脑旁边的收音机播放《芝麻街》中的歌曲"橡皮鸭"。

在更小的尺度上，柔韧的带状磁性材料为盒式磁带和家用录像带奠定了基础。声音和视频被录音机或录像机中的电磁体以磁畴图案的形式写到磁带或录像带上。然后，利用磁头读取这些图案，就可以捕捉到磁带或录像带从播放器的线圈下经过时发生的磁场变化。磁带或录像带可以长期储存数据，但多次回放后磁性材料会慢慢退化。

在不太过时的技术中，可重写磁畴也为现代硬盘操作创造了条件。其基本原理是一样的："写磁头"中的电磁体通过改变硬盘上磁畴的取向，来存储数字信息。同时，"读磁头"探测硬盘上的磁场图案，将存储信息转换回工作存储区的 1 和 0。几十年来，由于工程师一直致力于开发更好的磁性材料和高性能的数据读写系统，现在硬盘的数据存储能力已经达到不可思议的程度。我用来备份家用电脑数据的 4TB（太字节）硬盘跟我的第一台电脑使用的 5.25 寸软盘的盒子差不多大，而一整盒软盘存储的数据只有我的备份硬盘的百万分之一。

本章只是粗略介绍了磁性材料物理学，这是一个极其复杂的领域，内容丰富多彩，让众多物理学家乐此不疲。但是，无论你感兴趣的是高密度数据存储，还是厨房电器上张贴的蜡笔画，所有这些物理现象本质上都与量子力学有关。你遇到的每一个磁体归根结底都是一个量子物体，依赖于其电子自旋的内禀属性。

第 10 章

烟雾探测器：α粒子和量子隧穿效应

卧室外面的走廊还很暗，**烟雾探测器的状态指示灯**在墙上投下微弱的光……

20世纪90年代中后期，我还是一名在读研究生，租住在马里兰州罗克维尔的一间装有烟雾探测器的房子里。我从未见过如此奇怪的烟雾探测器，每次我烤面包，它几乎无一例外发出警报声。注意，无须烤糊面包，只要是烤面包，就可能会触发警报。但它却对其他任何烹饪方式无动于衷，而且我的一个室友每天都要抽好几包烟。

许多年过去了，我仍然不清楚烤面包为什么会触发那个烟雾探测器。尽管我现在也无法解释那个现象，但普通烟雾探测器的基本操作相当简单。此外，它还依赖于量子物理学的另一个众所周知的奇异之处，即粒子可以穿过经典物理学认为不可能穿过的屏障。

烟雾探测的经典物理学

根据定义，烟是由火焰喷射到空气中的小颗粒聚集而成的。因此，探测烟雾意味着要足够迅速地探测到这些颗粒，在火灾造成伤害之前向屋主发出警报。

用设备探测烟雾的最简单方法与我们用眼睛感知烟雾的方法本质上是相同的，即探寻光遇到空气中的烟雾颗粒后发生的散射。我们之所以能看到烟雾，要么是因为烟雾让那些本来无法进入我们眼睛的光发生了反射，要么是因为烟雾阻挡了那些本该进入我们眼睛的光。光电烟雾探测器依赖于前者：小光源发出的光穿过光电管，管边有一个光传感器。在正常条件下，没有光照射到传感器上，表明一切正常。当烟雾颗粒进入光电管后，一些光反射到管边，光传感器发出电子信号，触发刺耳的警报声。

不过，某些快速燃烧的火焰产生的颗粒不会散射太多光，因此人们通过另一种探测器技术，即利用放射性衰变来捕捉这些颗粒。电离探测器将α粒子流送入两个带电金属板之间的小气室。当α粒子撞击空气分子后，空气分子会分裂成两个带电的部分，一部分带正电，另一部分带负电。正离子被吸引到探测器的负极板上，负离子则被吸引到正极板上，由此在包含这两个极板的电路中形成一个小电流。

在没有任何烟雾颗粒的情况下，电流相当恒定，并向设备发出"一切正常"的信号。但是，一旦有烟雾进入电离室，烟雾颗粒就会吸收一些离子，使之无法到达极板，从而干扰电流的流动。电流减弱的情况被探测器中的电子元件记录下来，并触发刺耳的警报声。

这两种探测器技术各有优缺点，因此许多商业烟雾探测器同时使用这两种技术。它们都在一定程度上依赖于量子物理学。第一种探测器通过光电效应来探测光，这种效应归根结底可通过光子的存在来解释。第二种探测器与量子的联系更直接，它源自电离过程，电离过程又依赖于放置在探测器内的人造放射性元素镅241衰变产生的α粒子。这种衰变是一个早于量子物理学的秘密，最终揭开它的神秘面纱的是一个有趣的苏联人。

放射性的奥秘

19世纪末，两种貌似全新的辐射形式的发现，在物理学界引起了巨大的轰动。第一个发现是，1895年，威廉·康拉德·伦琴在做电流通过真空管时可能引发的效应实验的过程中偶然发现了X射线。为了阻止光的逃逸，伦琴把他的设备密封起来，但即便如此，当电流在真空管中流动时，实验室另一边的荧光屏仍会发出微弱的光。他准确地将其理解为从他的设备发出的某种极具穿透力的射线，并很快拍摄出他妻子手部的X射线片。在这张标志性的照片上，他妻子的手骨清晰可见。伦琴的研究成果几乎立即在医学上得到了应用，1901年，他因为这一发现获得了首届诺贝尔物理学奖。

和X射线一样令人感到惊奇的是，伦琴的装置让电流流经真空管，至少是在积极地提供产生辐射所需的能量。当电流被切断时，该装置就不再产生X射线。[①]第二个发现更令人费解。在伦琴的研究成果的基础上，亨利·贝克勒尔（Henri Becquerel）发现铀化合物无时无刻不在发出X射线和其他辐射，而且没有任何能量输入。这似乎是在"无中生有"地自发产生能量，而根据公认的物理学定律，这是不可能的，因此物理学家决定努力找出辐射源。

---

① 今天我们知道，X射线是通过真空管的电子高速撞击正极产生的。

　　玛丽·居里是放射性研究领域最成功的科学家之一，事实上，她也是"放射性"一词的创造者。在贝克勒尔宣布他的发现后不久，玛丽·居里就开始用铀化合物做实验，并发现辐射来源于铀原子内部，而不是较大分子内部的与相互作用有关的化学过程的结果。她还发现，一些含铀矿石的放射性甚至比从它们中提炼出来的铀更强，这表明还存在其他一些未知的放射性元素。

　　于是，玛丽·居里开启了识别和分离新元素的长期计划，最终她的丈夫皮埃尔也加入了她的研究。居里夫妇工作的地方是一间临时实验室，在巴黎大学的一个院子里。德国化学家威廉·奥斯特瓦尔德（Wilhelm Ostwald）描述这个实验室"既像马厩，又像马铃薯大棚"。但就是在这样的实验室里，他们发现了钋①和镭这两种新元素。1903年，居里夫妇和贝克勒尔因为他们的放射性实验而共同获得诺贝尔物理学奖②，1911年，玛丽·居里因分离出镭和钋而独自③获得诺贝尔化学奖。

　　大约在同一时间，任教于蒙特利尔麦吉尔大学的欧内斯特·卢瑟福也正在进行放射性实验，并提出了将辐射分为阿尔法（α）、贝塔（β）和伽马（γ）的现代分类法。排序的依据是这些粒子的穿透力，其中α粒子的穿透力最弱（几张纸就可以轻易挡住α粒子），伽马射线的穿透力最强（即使是像铅这样的致密物质，伽马射线也能穿透一定的距离）。1900年，贝克勒尔证明β粒子是高能电子；1905年，卢瑟福发现α粒子

――――――――――

① 这个新元素之所以被命名为钋（polonium），是为了致敬玛丽·居里的祖国波兰（Poland），当时它是俄罗斯帝国的一部分。

② 瑞典皇家科学院原本计划将诺贝尔奖颁给皮埃尔·居里和贝克勒尔两个人，但在皮埃尔·居里表示反对后，他们也承认了玛丽的贡献。

③ 这个奖项本该是居里夫妇二人共享的，但皮埃尔·居里在1906年的一次交通事故中丧生，而诺贝尔奖从不颁发给已故者。

是氢原子两次电离后的产物；1914 年，伽马射线被证明是高能光子。

20 世纪初，放射性是研究领域的一片沃土，它既是一个独立的研究课题，也是研究其他问题的一种工具。1909 年的马斯登－盖革实验就是利用镭发出的高能 α 粒子在卢瑟福的实验室中完成的，该实验证明了原子核的存在。但是，辐射到底是什么过程产生的，尤其是其所需能量从何而来，这些仍然是未解之谜。

1921 年，汉斯·盖革在研究 α 粒子与铀的相互作用时取得的测量结果，对上述问题给出了最清楚的说明。他在用高能粒子轰击铀原子时发现，铀原子核与带正电荷的 α 粒子之间的排斥作用，会以不高于 8.6MeV 的能量将 α 粒子推开，[1]这正好与我们期望的铀原子核的电荷一致。但铀本身是放射性的，它发射出的 α 粒子的能量约为 4.2MeV，远低于将 α 粒子射入原子核所需的最低能量。

如果我们从能量的角度看这个问题，就可以清楚地知道为什么这在经典物理学中是不可能的。粒子有两种能量：一种是由运动产生的动能，另一种是由相互作用（包括相互排斥和相互吸引）产生的势能。

强核相互作用是一种强大的吸引力，但作用矩离很短，因此 α 粒子的势能只在离原子核很近时才为负值。在极长的距离上，这种强力根本不起作用，原子核和 α 粒子之间的电磁斥力仍然很微弱。在中等距离上，这两个正电荷粒子之间的电磁斥力很强，但强相互作用尚未开始发挥威力。所以，如果 α 粒子从很远的地方开始向原子核移动，我们会看到它的势能从 0 慢慢上升到某个峰值，然后，在它足够靠近原子核并能感受

---

[1]　盖革的研究只局限于自然产生的辐射源，它们主要产生低能 α 粒子，所以他无法通过发射能量过高而不会发生偏转的粒子来精确测量极限值，而只能根据低能粒子的测量结果推断出一个最小值。

到强吸引力时，它的势能又会迅速下降到一个很大的负值。

　　综上所述，α粒子在接近原子核（在下图中从右向左运动）的过程中，它的势能会发生如下图所示的变化：

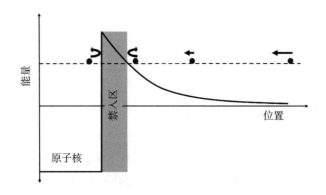

图 10-1　原子核附近的 α 粒子能量图。长程静电斥力与强核相互作用结合形成的势垒，可以困住原子核内的 α 粒子，还会让来自右边的 α 粒子原路返回

　　势能是如何限制 α 粒子的运动的呢？只要记住粒子的总能量——动能与势能之和——必须保持恒定即可。α粒子从原子核外很远的地方出发，以一定的速度移动，因此它的总能量为正值。由于它离原子核太远，感受不到斥力和吸引力，所以相互作用产生的额外能量基本为零。随着它接近原子核并开始感受到静电斥力，势能逐渐增加，但总能量必然保持不变。这意味着动能肯定会减小，也就是说，α粒子的速度会变慢。

　　随着两者越靠越近，势能持续增加，直到最终等于 α 粒子的初始总能量。此时，动能必然为零，也就是说，粒子在一瞬间是完全静止的。但是，它仍然能感受到原子核的斥力，所以它几乎立刻又开始移动。随着它沿原路返回，势能逐渐减小，动能逐渐增加。

　　在这个能量变化的过程中，α粒子就像一个朝山上滚动的球：随着它越爬越高，它的速度逐渐减慢，最终它会停下来并向山下滚。它能达到的最大高度——α粒子与原子核之间的最小距离——是由粒子的初始能量决定的。当它滚下"山"并回到出发点时，它的能量与出发时相同，运动速度也与出发时相同，但方向相反。

在这个经典的能量变化过程中，能量小于"山峰高度"（根据盖革的实验，铀原子的这个值至少为8.6MeV）的入射粒子不可能到达原子核内部，因为强核力正在发挥作用。同理，原子核内部的粒子也无法出去，除非它的总能量超过势垒高度；总能量低于这个值的粒子，在其迅速增加的势能等于其初始总能量时，会一头撞到"墙"上，粒子停止前进并被送回原子核。

因此，从经典物理学的角度看盖革散射实验和铀的α衰变之间的矛盾，是完全无法理解的。能量刚好够其逃离强相互作用的α粒子从"山"顶上滚下来，它的能量应该与"山峰高度"基本相等。这意味着，勉强逃离的α粒子进入外部世界时至少应该有8.6个单位的能量，而轻松逃离的α粒子则应该有更多的能量。但是，铀在自然衰变过程中发射的α粒子的能量还不到这个值的一半。

尽管量子物理学的发展解开了原子的其他许多奥秘，但α粒子的能量问题仍然令人头疼。1928年，年轻的物理学家乔治·伽莫夫终于破解了这个秘密。伽莫夫意识到，得益于α的量子性，它们无须足够的能量就能逃离原子核，因为它们可以隧穿。

量子隧穿

α粒子为什么仅凭一点儿能量就能逃离原子核？乔治·伽莫夫是解

答这个问题的合适人选，因为他本人后来也完成了一次不大可能的出逃。伽莫夫出生于乌克兰，他的职业生涯始于苏联的大学。20世纪30年代初，随着约瑟夫·斯大林开始掌权，这个政权变得更加专制，伽莫夫下定决心离开苏联。1933年，他和他的妻子打算借出席在巴黎举行的索尔维会议的机会逃走。在此之前，他们曾两次尝试划着独木舟横渡开放水域，去往西方国家，但都失败了。[①]通常情况下，伽莫夫只能独自一人参加索尔维会议。但在收到邀请后，他明目张胆地为他的妻子也申请了护照——按照他的说法，他是直接向苏联总理莫洛托夫（Molotov）提出申请的——并表示如果不允许他的妻子同行，他将拒绝参加这次会议。令人惊讶的是，这个办法成功了。在玛丽·居里等与会者的帮助下，伽莫夫成功出逃，最终来到美国。[②]

这次出逃的成功，可能要归因于1928年伽莫夫为了解量子物理学的最新发展，前往哥廷根大学拜访了马克斯·玻恩。玻恩当时正在进行一些详细的计算，而伽莫夫对这类问题并不感兴趣，他更偏爱基于直觉模型的近似解。为了寻找更适合自己口味的研究问题，伽莫夫来到哥廷根大学图书馆，碰巧读到了卢瑟福的一篇详细描述α衰变的能量问题的论文，[③]并且很快就想到了解决办法。这一成就使他在物理学界声名鹊起，并因此收到了索尔维会议的邀请函。凭借这个机会，他成功地逃离了苏联。

---

① 一次是从克里米亚前往土耳其，另一次是从摩尔曼斯克前往挪威，但两次都因为遭遇恶劣天气而失败。

② 伽莫夫定居在华盛顿特区的乔治·华盛顿大学，离我读研究生时租住的那套房子不远。

③ 当时，卢瑟福正在创建一个关于原子核外部区域α粒子群轨道的精细模型，以解释α粒子成功逃离原子核的能量下限。

伽莫夫认为，从能量角度看，强核力（将原子核结合在一起）和电磁力（将α粒子推开）结合形成"势垒"，使低能粒子无法进入一个小空间区域。α粒子等量子物体的波动性，使它们可以在势垒中穿行较短的一段距离；如果势垒很薄，即使没有足够的动能，它们也有可能成功逃离。

为了用量子术语讨论α粒子及其相互作用，我们需要从波函数和概率分布的角度描述α粒子。一旦这样做，我们很快就会遇到一个问题。根据前文描述的经典模型给出的概率分布，我们可以预期当α粒子靠近原子核并减速时，概率会缓慢增加，[①]而当势能与总能量相等时，概率又会迅速降至零。在那个拐点与原子核之间的任何位置上发现α粒子的概率都是零。

尽管这在经典物理学中很容易理解，但量子物体的波动性阻止了这种锐截止。正如我们在第7章讨论不确定性时看到的那样，波函数的锐边需要增加大量不同的波长。但是，如此大范围的波长与进入粒子的能量已知这个概念相互矛盾。对真实的粒子来说，波函数不可能突然停止，而是缓慢地减小，并且能在势垒内部延伸一段距离，这意味着有一定的概率在禁区里发现这个粒子——禁区的势能大于该粒子的初始能量。

得益于这个缓慢减小的过程，能量低于势垒峰值的粒子也有微小的概率进入原子核。随着粒子在禁区中穿行，这个概率迅速下降[②]，但如

---

① 速度越慢，意味着它待在那个空间区域的时间越多，在该区域发现它的概率也越高。

② 波函数的确切形状取决于势能的具体变化，但随着粒子深入禁区，势能基本上呈指数式衰减。

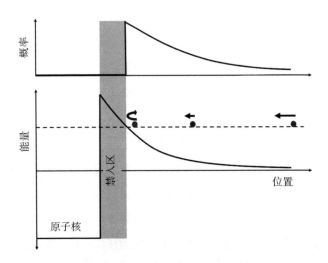

图 10-2　从外部接近原子核的α粒子的能量和经典概率示意图。在靠近禁区的地方，α粒子的速度减慢，它待在该区域的时间增加，因此在那里发现α粒子的概率增加。在禁区的边缘处，概率迅速降为零

果能量比势垒峰值少不了多少，禁区就会比较窄，粒子到达其内部边缘的概率也就不为零。当然，一旦它成功进入原子核，强核力就会发挥作用，把α粒子束缚在原子核内。

　　这种情况发生的概率极小，而且在盖革实验中，损失几个粒子是无法探测到的。但是，同样的过程也可以反向进行，这意味着，对原子核内的某些粒子来说，原子核这个"盒子"有微弱的可渗透性。如果粒子能量为正值且位于势垒峰值之下的一个小范围内，它们就有可能被困在原子核内，并处于类似驻波的状态。所以在禁区中发现这些粒子的概率不是零，而是随着距离的增加缓慢减小。更重要的是，在禁区的外边缘，概率也不是零。

　　α粒子每次碰撞势垒，都有很小的概率逃离。向铀原子发射的α粒

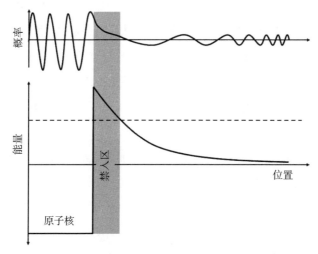

图 10-3　伽莫夫模型中，α粒子隧穿原子核的能量和波函数示意图。波函数在α粒子穿过势垒的过程中呈指数式衰减，使α粒子以小的概率逃离原子核

子，只会与势垒碰撞一次，但在原子核内跳来跳去的α粒子则会多次碰撞势垒，据当时正在普林斯顿大学跟伽莫夫研究相同问题的物理学家爱德华·康登（Edward Condon）和罗纳德·格尼（Ronald Gurney）估计，两者每秒碰撞的次数为10^{20}。对一个α粒子来说，每次碰撞势垒后成功逃逸的概率都非常小，但经过一段时间，这个α粒子肯定会安静地出现在原子核外。在这种情况下，它被电磁相互作用推出，以放射性衰变的产物出现，并且动能小于势垒高度。

这个过程被称为"隧穿"，因为即使粒子的能量不足以供其穿过势垒，但它们仍然出现在势垒的另一侧，就好像它们在这座能量"山"上挖了一条从西侧通向东侧的隧道。在了解了α衰变这个看似悖论的问题后，伽莫夫很快就意识到隧穿——他在1928年看过他的苏联同事莱昂尼德·曼德尔斯塔姆（Leonid Mandelstam）和米哈伊尔·列昂托维奇

（Mikhail Leontovich）对这个概念的描述——是这个问题的解决方案，并建立了一个简单的放射性衰变模型，来表示隧穿过程。该模型设想放射性原子核内有大量α粒子，它们有一定概率成功隧穿并获得自由。伽莫夫的分析表明，随着发射出的α粒子的能量不断增加，给定元素的衰变寿命应该呈指数级下降，这很好地解释了盖革和约翰·米切尔·纳托尔（John Mitchell Nuttall）的早期实验观测结果。

伽莫夫的模型解释了盖革实验揭示的能量差异，也解释了α衰变的其他许多属性。隧穿过程具有内在的或然性，即粒子每次碰撞势垒时都有微小的概率成功逃逸，但它不能确切地预测逃逸何时会发生。这就解释了20世纪早期卢瑟福发现的放射性的一个鲜明特征，即给定样品的放射性会随时间发生衰变，通常用半衰期来描述。元素的半衰期是一个统计量，平均而言，在半衰期后，初始样品中只有一半的原子继续保持初始状态；在第二个半衰期之后，只有1/4的初始原子未发生衰变，以此类推。这正好是概率一定的随机衰变的预期结果，伽莫夫模型解释了为什么α衰变是这样一个过程。

隧穿模型还解释了为什么α衰变只自然发生在重元素中。要让一个α粒子具有隧穿能力，它必须存在于原子核内，而且它的动能与势能之和必须在大于零但小于势垒高度的小能量范围内。然而，得益于强相互作用的强大吸引力，原子核内粒子的大多数容许态都是总能量为负值的类似驻波状态。这些粒子无处可隧穿，因为原子核外的所有区域都禁止它们进入。元素周期表中的大多数元素的原子核都是稳定的，原因就在于这些永久受限的α粒子。

然而，就像在其他许多情况下一样，泡利不相容原理再次发挥作用，特别是对重元素。随着粒子越来越多，原子核越来越重，它们会填满低能态。如果元素足够重，加入原子核的最后几个粒子就不得不占据总能量为正的状态，从而使隧穿成为可能。因此，α衰变现象只存在于重元素中。

与伽莫夫在哥廷根大学取得研究发现的几乎同一时间，普林斯顿大学的康登和格尼也提出了相同的概念，用于解释α衰变。不过，伽莫夫的方法更详细，他计算出元素和α粒子能量给定时优良的隧穿率近似值，可以更容易地做出定量预测。因此，今天学术界把用来确定放射性衰变速率的一个相关量称作"伽莫夫因子"。隧穿模型在一夜之间取得了成功，并迅速取代了人们在α衰变能量问题上提出的几种更加奇怪的解释。伽莫夫的模型帮助他在量子物理学这个快速发展的领域迅速占据了重要地位。

阳光和原子分裂

在我们的关于一个寻常早晨的故事中，隧穿物理学已经悄然登场了，它的首次亮相是在第1章关于太阳的讨论中，但我们几乎没有注意到它。想让聚变发生，两个质子就必须靠得足够近，以便强核相互作用把它们结合在一起。在太阳内部发生碰撞的两个质子跟靠近原子核的α粒子一样，体验到的是同一种相互作用能：中程受到排斥力，在强核力发挥作用的短距离上受到吸引力。估算质子穿过势垒所需的能量是一件简单的事，即计算间距为一个原子核宽度的两个质子因静电斥力而产生的势能，该能量对应于大约150亿开氏度的温度。虽然太阳核心的温度很高，但也没有高到如此程度，只有大约1 000万开氏度，是直接聚变所需温度的1/1 500。

　　为太阳提供能量的聚变反应是通过隧穿发生的。尽管质子的能量无法让它们靠得足够近，以至于强相互作用无法将它们结合在一起，但它们的量子性使它们有一定的概率成功隧穿势垒，进而发生聚变。这种情况发生的可能性极低，但太阳内部有大量质子，因此这种情况经常发生，足以让我们的这颗最重要的恒星炙热耀眼。

　　当伽莫夫提出α衰变是隧穿过程的想法时，一些与欧内斯特·卢瑟福（当时他是剑桥大学卡文迪许实验室的负责人）一起工作的实验物理学家，特别是约翰·考克饶夫（John Cockcroft）和欧内斯特·沃尔顿（Ernest Walton），很快就意识到相反的过程应该也是可能的。射向原子核的带电粒子有很小的概率穿过势垒，到达原子核内部；而且，在恰当的条件下，还有可能把一些粒子轰出原子核。长期以来，卢瑟福实验室一直想让粒子进入原子核内部，但粒子越过排斥性势垒所需的能量太高，使用天然放射源的实验根本无法满足这个条件。然而，伽莫夫的隧穿模型表明，人工高能粒子进入原子核，可能根本不需要那么高的能量。

　　考克饶夫和沃尔顿决定制造一种粒子加速器来产生高能质子，1932年，他们成功地穿透了锂原子核。[①]这种情况极少发生——他们估计10亿个质子中大约有一个能成功——但在锂原子核中增加一个质子，就会创造出一种不稳定的铍同位素，它会迅速分裂成两个α粒子。这是一个清晰的信号，表明他们取得了成功，考克饶夫和沃尔顿因此获得了1951年的诺贝尔奖。他们的高压倍加器、范德格拉夫加速器，以及美国物理

---

① 当然，这是一个漫长又复杂的过程。布赖恩·卡斯卡特（Brian Cathcart）在他的《大教堂里的苍蝇》（*The Fly in the Cathedral*）一书中用诙谐有趣的文字记录了这一过程，也对卢瑟福鼎盛时期的卡文迪许实验室做了精彩的描述。

学家罗伯特·范德格拉夫（Robert Van de Graaff）和欧内斯特·劳伦斯（Ernest Lawrence）大约同时期研发的回旋加速器，共同开启了实验核物理学的新时代。粒子加速器的规模不断增大，将标准模型物理学展现在人们眼前。

差不多同一时间，伊雷娜·约里奥–居里和弗雷德里克·约里奥–居里在欧洲发现了"人工放射性"。约里奥–居里夫妇与中子的发现失之交臂（他们没有意识到自己找到了中子存在的证据，而卢瑟福的另一个同事詹姆斯·查德威克利用他们的发现，完成了一系列实验，最终确认了这种新粒子的存在），但在研究中子行为的过程中，他们发现惰性元素与中子接触后有时会变得有放射性。在接下来的几年时间里，物理学家成功地制造出自然界中没有的各种放射性元素，约里奥–居里夫妇因此获得了1935年的诺贝尔奖。

约里奥–居里夫妇发现的中子吸收过程与伽莫夫发现，并被考克饶夫和沃尔顿利用的隧穿过程不一样：中子不携带电荷，所以它们不需要以隧穿的方式进入原子核。然而，它还是把我们带回到起点，重新讨论现代烟雾探测器的工作原理。常见烟雾探测器中用作电离源的镅241，是通过钚原子从原子反应堆中吸收中子的方式人工合成的。镅的半衰期超过400年，是烟雾探测器的理想选择：它们电离空气分子的持续时间远长于它们保护的大多数房屋的寿命。

人造元素的放射性衰变对医学成像技术而言至关重要。放射科医生可利用体外辐射探测器，通过引入并追踪半衰期较短的放射性同位素在人体内的活动，来测量各种器官的功能。例如，添加到食品中的放射性锝被用于追踪物质在消化系统中的移动速度。他们还会利用特定的元素检测特定的器官：甲状腺检查需要大量使用碘，因此进入人体的放射性碘同位素往往会集中在那里，便于医生检查甲状腺功能是否正常，以及使用γ射线探测器为腺体拍照。

人工放射性不仅有助于诊断疾病，还可用于治疗疾病。医学物理学家通过植入含有人造元素的"种子"来治疗癌症，这些人造元素释放的α粒子或β粒子可以杀死癌细胞。根据肿瘤的类型和位置，物理学家可以从许多种同位素中选择半衰期和衰变能量对肿瘤而言杀伤力最大，而对正常组织伤害最小的同位素。

量子隧穿在实验室环境中也有诸多应用，它们与日常生活相去甚远，其中令人印象最深刻的应用之一是，格尔德·宾宁（Gerd Binnig）与海因里希·罗雷尔（Heinrich Rohrer）在1981年发明的扫描隧穿显微镜。它利用金属针尖与表面之间的隧穿过程产生的微弱电流，去测量针尖与表面之间的比单个原子的高度还小的距离。有了这种仪器之后，物理学家就可以逐个原子地测绘出材料的结构，甚至可以通过推动原子在表面上形成有趣的图案，来建立原子尺度的结构。

因此，当得知这些现象也被应用于像烟雾探测器这样的普通事物时，我们也许会感到惊讶。果真如此的话，我希望它是一个令人愉悦的体验——因为奇异的物理学被用来保护生命财产而感到惊喜。下一次，当饭菜被烧焦但还未构成严重威胁（或者你烤面包的方式让它无法接受）时，烟雾探测器发出警报声，那么我们应该知道，这在一定程度上要归功于（或归咎于）从不稳定的原子核中隧穿而逃的α粒子。

 第 11 章

量子加密：最后一个杰出的错误

至于电子邮件，大多是我的学生发来的作业帮助请求，还有一些是**在线网购**的收据和快递单号通知……

仅在20年前，互联网商务似乎还是一个完全不可思议的概念，而现在在线购物已成为一种常态，老牌连锁商店已被网络零售的成长推到了破产的边缘。如今，我们几乎可以在互联网上买到任何东西。有些人就连像牛奶这种出门就可以买到的商品，也改为在线购买。

当然，如果没有加密信息的能力，电子商务将不可想象。有了加密技术，客户就可以向零售商发送信用卡信息，而不必担心它会泄露。为了开发保障网上商业交易安全的技术，人们投入了巨额资金，并研发出分享金融信息的成功方法，这在很大程度上引发了在线市场的爆炸性增长。

一本聚焦于量子的书讨论这个话题，似乎有点儿奇怪，因为当下的在线交易安全是通过纯粹的经典手段来保证的。但是，在即将完成对日常生活的物理学探索时，我们还将做一些简单的推测，我在本章中描述的量子密码术尚未得到广泛应用。

不过，这些技术非常真实，其实用性也与日俱增。在2017年秋召开的一场研讨会的开幕式上，北京和维也纳的研究人员通过一颗中国的卫星，在中国和奥地利之间完成了一次量子密钥加密的通话，展示了量子安全通信技术。遍及全球的量子通信离我们并不遥远，尽管它植根于迄今发现的最奇异的物理学。

量子密码术利用了"量子纠缠"的概念，这可以说是量子力学的所有怪诞属性中最令人头疼的一个。量子纠缠可以在远距离粒子间建立联系，因此爱因斯坦嘲讽它是"鬼魅般的超距作用"。然而，20世纪70年代以来的大量实验已经证明了这一现象的真实性，这迫使物理学家努力探索空间、时间和信息传递的更深层次的含义。

乍一看，量子纠缠提出的问题可能主要是哲学层面上的，但实际上它们有深刻的实际应用。如果我们试图在把信息从一个人传递到另一个人的同时不让其他人读到它们，那么纠缠粒子间的这种"鬼魅般"的联系正是我们想要的。

保密技术的奥秘

密码术的核心问题可能与书面语言的历史一样悠久。当然，最显而易见的保密方式就是面对面地分享信息，但当面交流并不总是可行的。使用代码是一种有效的解决方案：以一种目标接收者可以理解的方式编写消息，即使它被人截获，他们也只会看到一堆"胡言乱语"。

许多巧妙的代码系统可以追溯到几千年前，但我们感兴趣的现代安全技术最好借助数学来理解。在现代密码系统中，秘密信息被转换成一串数字，然后发送方对这些数字执行一些数学操作，结果就会产生公开发送给接收方的另一串数字。如果接收方确切地知道发送方进行了哪些操作，他们就可以解密，将其还原为原始信息。但在其他任何人的眼中，这串数字都毫无意义。

举一个具体而浅显的例子。假设我们通过一个简单的置换规则，将字母转换成数字：A = 01，B = 02，以此类推，一直到 Z = 26。如果我们想对 "BREAKFAST"（早餐）这个词进行编码，最终就会得到

B	R	E	A	K	F	A	S	T
02	18	05	01	11	06	01	19	20

为了运用数学运算来掩盖这一点，我们取一串由 1 和 0 组成的随机数字作为密钥，分别对应信息中的每个字母。然后，我们将两者相结合，如果密钥的值是 1，就将该位置上的原始数字加 1，如果密钥的值是 0，则减 1。

B	R	E	A	K	F	A	S	T
02	18	05	01	11	06	01	19	20
0	1	0	0	0	0	1	1	0
01	19	04	26	10	05	02	20	19
A	S	D	Z	J	E	B	T	S

如果不知道密码，那么接收到 "ASDZJEBTS" 密文的人，很可能会认为这是发送者的猫在键盘上行走的结果。但是，如果接收方有密钥并知道正确的操作顺序，他们就可以通过逆向操作解密——密钥的值为 0 时加 1，密钥的值为 1 时减 1——从而将其还复为原始信息。

　　这个简单的例子展示了加密术的基本原理，也是加密术需要解决的主要问题：发送方和接收方都知道如何根据共享密钥（本例中的密钥为010000110）进行正确的操作。如果接收方与发送方没有相同的密钥，他们就会像随机窃听者一样，无法解密信息。

　　最简单的办法可能是长期使用单一的密钥，这样一来，发送方和接收方只需要共享和记住一组特殊的数字。不幸的是，如果有足够的加密信息文本，在时间充裕的情况下，数学分析可以找出密钥并恢复加密信息。对足够长的密钥来说，"时间充裕"可能指很长一段时间，在现有计算机上通过现有方法破译一条信息需要的时间可能比宇宙的年龄还长。互联网信息安全大多依赖于这样一个事实：它们使用的单一共享密钥有足够多的位数，以至于任何人都很难快速解码并造成危害。然而，这种密码术容易因为计算能力的提升或数学技术的更新而受到影响。一旦掌握了更好的解密程序，居心叵测的人就有可能解密大量材料。

　　一种更安全的方法是将一组随机数字用作密钥，即所谓的"一次一密"，每次解码都使用一个新密钥，但这会在数理逻辑方面给发送方和接收方带来额外的麻烦。双方必须共享和使用一大堆随机数字，而且，需要共享的数字越多，保密的难度就越大。[1]如果发送方和接收方身处不方便会面的地方，那么在多次收发信息后，安全扩充这些随机数字的难度也会加大。

---

① 数字不多时，记忆或隐藏这些数字较为容易，但数字越多，就越难用一种不显见的方式记住它们。这就好像大多数人都可以轻松地记住简短但安全性不高的密码，对于更长且更安全的数字和字母串，他们最终会把它们写在便利贴上，并贴在电脑显示器上，而这种做法完全违背了他们设置密码的初衷。

　　对于这类密码术，理想的系统应该是，能根据需要生成随机数字。不过，尽管发送方或接收方都能借助许多随机过程生成有效的密钥，但如果他们身处两地，那么生成的数字必然不同，因此不可用于文本加密。由于发送方和接收方使用的数字必须相同，所以根据需要生成随机密钥的方法行不通。

　　至少在经典物理学中，这种方法是行不通的。不过，量子力学为我们打开了一扇窗，让我们可以生成一个真正随机而且身处异地的两个人可以共享的数字。这要归功于量子物理学面临的最棘手的哲学问题之一，它将爱因斯坦——该领域的创建者——"赶"了出去。

和宇宙玩掷骰子游戏

　　爱因斯坦最常被引用的一句话通常被翻译成："上帝不会和宇宙玩掷骰子游戏。"这可以追溯到 1926 年他写给马克斯·玻恩的一封信，"（量子力学）说了很多，却没有真正引领我们更接近'上帝'的秘密。我无论如何也不相信上帝会掷骰子。"

　　这里涉及的基本问题与量子力学的随机性有关。玻恩第一个指出，量子波函数告诉我们的只是特定测量结果出现的概率。如果我们把一个实验重复做很多次，并汇总所有的结果，波函数就能很好地描述结果的全范围。然而，知道波函数并不意味着我们可以预测任何特定实验的准确结果；据我们所知，关于某个量子粒子的单一实验结果是完全随机的。

　　这种随机性提出了一个严肃的哲学问题。概率本身并不是问题，即使对爱因斯坦本人来说也是这样。就像我们看到的那样，他对物理学做出的一些重大贡献，就是使用统计方法来预测大量粒子的行为，而无须考虑任何个体粒子的具体行为。不过，在当时的情况下，他可能认为随机性只是用来代替我们不了解的具体相互作用。预测单个粒子的具体结果的更深层次的理论仍然是可能的，在这种情况下，统计方法只是一种便利之举和一种工具，有助于我们避开计算大量单个粒子之间相互作用的具体情况这个不可能完成的任务。我们在处理纯粹的经典系统时一直是这样做的：如果知道轮盘赌的小球和转盘的初始位置及转速，那么从理论上讲，我们可以精确地预测小球会停在何处；但实际上，由于难度太大，我们无法计算出结果，相反，我们可以把这个游戏当作纯粹的随机过程，讨论各种结果出现的概率。

然而，随着量子力学的出现，我们可以清楚地看出，随机性是量子力学的一种基本属性。无法预测单个量子实验的结果并不是技术问题，而是一种固有性质。在由海森堡和薛定谔提出并由玻尔、玻恩和泡利诠释的量子理论中，讨论个体粒子的特定属性毫无意义。海森堡不确定性原理描述的不是位置和动量测量方法的技术问题，而是反映了一个事实：对兼具波动性的粒子来说，我们不可能精确定义它的位置和动量。[①]

年青一代的物理学家，比如泡利、海森堡等人，大多愿意接受这是必须付出的代价，并且因为这种新理论能够准确预测困扰物理学家多年的实验结果而欢呼雀跃。但是，年老一代的物理学家则对这种基本的随

---

① 德布罗意–玻姆导航波方法是量子理论的替代方法。该方法认为，个体粒子确实具有确定的属性，但会受到附加场的引导，后者具有与量子粒子相关的大多数怪诞属性。但是，任何个体粒子的特定初始属性仍然是随机决定的，而且不可能测量，因此单次量子实验的结果依然无法预测。

机性深感不安，并致力于寻找一种更加确定的替代理论。[①]在这群物理学家当中，有些还在量子力学的创立过程中起到了重要作用，其中最著名的是爱因斯坦和薛定谔。

薛定谔的猫这个臭名昭著的思想实验就是在此背景下提出来的。他强调，量子理论的问题之一就与这种基本的不确定性有关。但这个问题没有阻碍量子力学的进一步发展，而它引发的争论却为形成新的富有成效的研究领域起到了推动作用。事实证明，爱因斯坦以另一个思想实验的形式提出的反对意见，也结出了累累硕果。

量子物理学和贝特里奇头条定律

20世纪20年代末，爱因斯坦在1927年和1930年的索尔维会议上，与尼尔斯·玻尔就如何量子物理学的诠释进行了一系列著名的辩论。最初的争论集中在不确定性原理上，爱因斯坦起初反对这个原理，因为它违背了经典的直觉。虽然爱因斯坦最终接受了不确定性原理，随后又提出了更深层次的反对意见，但玻尔的立场没有任何变化，事实上，他们的著名辩论大多是两位才华横溢的物理学家在各说各话。

1935年，爱因斯坦与他的年轻同事鲍里斯·波多尔斯基、内森·罗森共同撰写了一篇论文（以下简称"EPR论文"），这是爱因斯坦对当

---

① 仍然有少数研究人员对可以取代量子物理学的确定性理论感兴趣，特别是赫拉尔杜斯·霍夫特（Gerardus't Hooft，因为在标准模型研究方面的工作而获得1999年的诺贝尔物理学奖）。但随后的几代物理学家大多受泡利和海森堡的影响，用戴维·梅尔曼（David Mermin）的一句半开玩笑的话来说，他们更愿意"闭上嘴巴做计算"。

时仍在继续的关于量子力学基础的争论做出的最后也是最重要的贡献。EPR论文完全出乎玻尔及其他许多物理学家——他们习惯性地认为爱因斯坦的观点是以不确定性为基础的——的意料，因为它更清楚地解释了爱因斯坦反对不确定原理的真实理由，并指出了量子理论的一个更深层次的问题。①

这篇论文的题目是《量子力学对物理实在的描述是完备的吗？》。新闻记者之间有个老笑话——"贝特里奇头条定律"，它说"任何以问号结尾的新闻头条，都可以用'不'来回答"，EPR论文也不例外。爱因斯坦及其同事考虑了一个不同寻常的物理系统，以证明玻尔及其哥本根大学的同事提出和诠释的量子理论不能涵盖所有的物理实在。"纠缠"概念由此被正式引入物理学，并自此让物理学家头疼不已。②

最初的EPR论文涉及两个粒子的位置和动量，但在被应用于一个类似电子自旋的双态系统后，其观点就变得更清晰了。正如我们在施特恩–格拉赫实验中看到的那样，你可以用磁场将一个电子束分成两组：一组自旋向"上"（与磁场方向相同），另一组自旋向"下"（与磁场方向相反）。

不过，施特恩–格拉赫磁体的方向具有任意性，向上和向下并不是明确的空间方向，我们完全可以让整个设备倒向一侧，也能得到相同的基本结果：一半电子"自旋向左"，另一半电子"自旋向右"。如果你随机选择一个电子样本和一个磁场方向，那么这些电子总会分成两组。如果你选择其中一组并重复上述测量步骤，让这组电子再次通过相同的磁

---

① 不过，论文的表述并不完美。它主要是由罗森（用英语）撰写的，据报道，爱因斯坦晚年曾表示，他对论文的最终措辞不太满意。

② "纠缠"这个术语是由薛定谔发明的，他和爱因斯坦有着同样的疑虑。

场，就仍然会得到同样的结果：所有自旋向上的电子依然自旋向上（或者自旋向左的电子依然自旋向左），反之亦然。

这个实验的一个明显延伸是，从被一个施特恩–格拉赫磁体分开的两组电子中选择一组（比如，自旋向上），然后将这些电子放入另一个方向不同（比如，左右方向）的磁体中。于是，我们会再次得到两组电子，例如，自旋向上的电子中有一半会变成自旋向左，另一半则变成自旋向右。如果你先使用左右方向的磁体，然后使用上下方向的磁体，或这两种磁体的任意组合（第二个磁体旋转90度），结果就都相同。

到目前为止，一切都很好，但如果我们添加第三个磁体，情况就会变得怪诞。常识似乎是，如果我们选取在第一个磁体中自旋向上和在第二个磁体中自旋向左的那组电子，然后让它们通过另一个上下方向的磁体，这组电子就应该全部变为自旋向上。毕竟，之前的测量结果表明它们都自旋向上。

但事实并非如此。先自旋向上然后自旋向左的这些电子将被均分成两组：一半自旋向上，一半自旋向下。不知为什么，测量这些电子为自旋向左的过程消除了原本的自旋向上的测量结果，使我们再次得到了自旋向上和自旋向下的随机测量结果。[①]

在泡利给出的关于自旋的数学描述中，原因很简单：就像电子的位置和动量测量一样，电子自旋的上下方向和左右方向的测量也是互补的。它们遵从一种类似于不确定性原理的关系，把电子自旋的上下状态

---

① 只有当磁体旋转90度时，原始状态的信息才会完全丢失。如果旋转的角度小于90度，我们就会得到两组电子，但概率不同。比如，将第二个磁体从自旋向上的方向旋转60度，所有电子就会按照75%：25%的比例分成自旋向右和自旋向左的两组。这随后将发挥重要作用。

和左右状态描述为同时具有明确的值，这毫无意义。

但是，EPR论文利用由两个粒子组成的系统，证明了这种量子不确定性对物理实在的描述并不完备。他们设想这两个粒子处于某种状态：它们各自的状态是不确定的，但它们的组合状态有一个确定的值。在自旋框架中，这意味着我们知道这两个粒子的自旋方向相反——一个自旋向上，另一个自旋向下，或者一个自旋向左，另一个自旋向右——但不知道哪个是哪个。（这不难做到，例如，通过将一个双原子分子一分为二的反应就可以得到这种状态。）然后，他们设想在测量这两个粒子各自的属性之前，将它们远远地分开。

这种相关性意味着，当持有粒子A的科学家（按照密码术的研究传统，我们将其命名为"爱丽丝"）得到自旋向上的测量结果时，就可以十分肯定地预测出粒子B（其持有者是爱丽丝的同事鲍勃）的测量结果是自旋向下。他们无法预知哪个是哪个，但结果之间的相关性是绝对的，知道一个粒子的状态就可以立刻说出另一个粒子的状态。

如果我们只做单一的测量，那么即使从经典物理学的角度看，这也不是特别令人惊讶。如果我从一副扑克牌中抽出黑桃Q和方块J，并将它们分别装入信封，封上口，然后寄往不同的地点，当爱丽丝打开信封看到黑桃Q时，她就会立刻知道鲍勃收到的是方块J，无论他身在何处。在这种情况下，随机性只表明我们不知道这种状态，而不是任何内在的不确定性：每个信封在通过邮政系统寄往目的地的过程中，一直装有一张特定的扑克牌——我们只是不知道哪个信封里装的是哪张扑克牌。

但在自旋的情况下，我们并不局限于单一的测量，而是有可能在两个互补的测量之间做选择。如果爱丽丝未选择做上下方向的测量，当得到自旋向左的测量结果时，她就会十分肯定地知道鲍勃得到的测量结果是自旋向右。这里的随机性不是指简单的经典意义上的不知道，而是指一种更基本的不确定性。这就好比我从一副扑克牌中抽取两张寄出，从正面打开信封会看到黑桃 Q 或方块 J，而从背面打开信封则会看到红心 A 或梅花 2。在这种情况下，我们不仅不确定每个信封中到底装有哪些扑克牌，而且在打开信封之前我们甚至不清楚可能会看到哪些扑克牌。

但是，正如爱因斯坦、波多尔斯基和罗森指出的那样，这些粒子无法预知我们期望的测量方向是左右还是上下，测量过程中也没有规定必须留出一定的时间，以便 A 向 B 传递信息，告诉对方将会选择哪个结果。然而，测量结果之间还必须保持这种相关性。在爱因斯坦看来，这意味着所有可能的测量结果必然是事先确定的，每个粒子都携带着一组指令，即任何特定的测量会得到什么结果。但是，这样一组测量结果与量子不确定性原理是相悖的。量子不确定性原理认为，事实上，每个个体粒子自始至终都处于一种确定的状态，而测量结果是由量子力学没有描述的一些隐变量决定的，更深奥、更完备的理论有可能确定这些结果。

除此之外的唯一选择就是被爱因斯坦戏谑地称为"鬼魅般的超距作用"的东西，它以远超光速的速度将爱丽丝的测量结果传递给鲍勃的粒子。相距甚远的粒子之间的这种联系违背了相对论描述的关于空间、时间和信息的基本直觉。这种"非局域"的相互作用将给经典物理学带来巨大的问题：如果我们能以快于光速的速度发送信息，甚至有可能导致果先于因的悖论。爱因斯坦立即舍弃了这种选择。

从爱因斯坦到贝尔再到阿斯佩

用玻尔的一位亲密同事利昂·罗森菲尔德（Leon Rosenfeld）的话

说，EPR论文"对我们来说犹如晴天霹雳"。哥本哈根大学的物理学家猝不及防，他们绞尽脑汁，试图弄明白其证明过程。玻尔匆忙发表了一篇论文，并采用了与EPR论文同样的标题《量子力学对物理实在的描述是完备的吗？》作为回应。但它充其量不过是把水搅浑了。即便在状态最佳的时候，玻尔也不是一个思路清晰的作者，更何况EPR思想实验令他措手不及。

随着时间的推移，哥本哈根学派的回应合并为对EPR论证的一个核心前提——A点的测量"未以任何方式干扰"B点的测量——提出了质疑。用玻尔的话说，两个粒子纠缠为单一量子态，这意味着爱丽丝的测量会对关于鲍勃粒子的"未来行为的可能预测类型的决定性条件产生影响"。根据哥本哈根诠释，对物理实在的完备量子描述必然包括将在或可能在相距甚远的不同地点进行的所有测量。

事实上，以这种方法诠释纠缠，并未让任何人感到满意，但这种情况看起来如此晦涩难懂和不自然，以至于大多数物理学家都没有认真考虑这个问题。量子力学在计算大量有趣系统的属性方面取得了引人注目的成功，大多数物理学家都把他们的精力集中在这些计算上，而不是爱因斯坦和玻尔之间怪异的哲学争论上，因为任何人都无法通过实验来解决这个问题。两大阵营在EPR类实验将会取得什么测量结果的问题上达成了一致，却对这些结果的"原因"持不同看法——结果到底是不确定而纠缠的，还是由隐变量事先决定的。玻尔的观点还得到了约翰·冯·诺伊曼（John von Neumann）的支持，后者断言"隐变量"理论在数学上是不可能的。事实证明，冯·诺伊曼的这个断言是完全错误的，但他如此德高望重，以至于许多倾向于玻尔观点的物理学家没有进行任何数学检验，就接受了他的看法。

　　这种混乱的哲学僵局持续了将近30年，其间没有取得任何突破。爱因斯坦和薛定谔基本上放弃了量子理论，并转至其他领域，①而量子力学则沿着玻尔及其哥本哈根大学的同事制定的路线继续发展。然而，在20世纪60年代中期，一位名叫约翰·贝尔（John Bell）的爱尔兰物理学家仔细研究了爱因斯坦、波多尔斯基和罗森的观点，并发现可以通过实验方法区分出他们偏好的"局域隐变量"理论和正统的量子解释之间的不同之处。

　　贝尔方法的关键之处是，看看当爱丽丝和鲍勃进行不同的测量时会发生什么。如果两个自旋探测器被设置为做相同的测量——都是上下方向或者左右方向——那么结果将是简单相关的，我们的研究也到此结束。如果它们测量的是不同的属性——比如，一个是上下方向，另一个是左右方向——那么我们有一定的概率得到所有可能的组合。局域隐变量理论与量子力学得到的可能概率范围是不同的。

　　局域隐变量理论的本质是，每个粒子必定都携带着一组指令，告诉它对于可能对它进行的每一次测量，它应该给出什么样的结果。为了更具体地说明这一点，我们可以用"0"和"1"给这两种不同的可能结果赋值（比如，"1"表示自旋向上，"0"表示自旋向下），并考虑将检测器与上下方向之间的夹角设置成三个不同的可能值。（三个测量选项是证明贝尔定理时确保数学复杂性的最低要求；在现实中，可能的选项有无穷多个，需要运用微积分方法进行枚举。）在这种情况下，局域隐变

① 爱因斯坦在他生命的最后几十年里致力于寻找可以将引力和电磁力结合起来的统一场论，却没有成功。薛定谔也在研究场论，还写了一本关于生命系统物理学的具有影响力的书。

量理论允许粒子对以下表枚举的8种可能状态存在：[①]

表 11-1　粒子对的可能状态及各探测器的测量值

	A1	A2	A3	B1	B2	B3
I	1	1	1	0	0	0
II	1	1	0	0	0	1
III	1	0	1	0	1	0
IV	1	0	0	0	1	1
V	0	1	1	1	0	0
VI	0	1	0	1	0	1
VII	0	0	1	1	1	0
VIII	0	0	0	1	1	1

上表中各行展示了粒子对的可能状态，以及各探测器设置的测量值。"A"列表示爱丽丝在这三种设置下得到的测量结果，"B"列表示鲍勃得到的测量结果。一共有8种状态，实验中使用的任何一对纠缠粒子都必定会随机选择其中一种。

为了理解贝尔的证明过程，让我们来扮演一下"变量设置者"的角色，选择每个纠缠粒子对的状态，尝试使其与量子力学的预测结果一致。我们可以任意调整这8种状态的发生概率，前提条件是任意一个探测器在任意设置下完成一组重复测量，其返回值为0和返回值为1的概率各占50%。

可以看出，当两个探测器的设置相同时，就总会得到相反的结果，

---

① 这种证明贝尔定理的方法最终可追溯到戴维·梅尔曼。

表明两个粒子处于纠缠状态，因此变量设置者的部分工作很容易完成。不过，正如贝尔指出的那样，我们需要考虑一个更棘手的问题：当两个探测器旋转到不同的角度时会发生什么？我们希望，无论量子预测的结果可能是什么，我们的隐变量方法都能得到与其一致的结果，因此我们必须计算出在任意一对不同的设置下，在 A、B 处得到相反结果的最大和最小概率。

相对来说，得到最大概率（100%）结果的难度要小一些：只要让一半的纠缠粒子对处于状态 I，而另一半处于状态Ⅷ，就可以了。对于所有这些状态，不管爱丽丝如何设置她的探测器，她得到的 1 总会与鲍勃得到的 0 配对，反之亦然。

要得到最小概率，我们显然需要排除这两种状态。仔细观察剩下的 6 种状态，我们就会发现，对于任何一对特定的检测器设置，总是恰好有两种状态会给出相反的结果。例如，如果我们使用 A1 和 B2 的组合，状态 Ⅱ 和状态Ⅶ就会给出相反的结果；如果我们选择 A2 和 B3，状态 Ⅳ 和状态 V 也会给出相反的结果。如果这 6 种状态的概率是相等的（要确保每台探测器得到 0 和 1 的概率各为 50%，这些状态的概率就必须相等），我们就有 1/3 的概率得到相反的结果。

因此，在不同设置下得到相反结果的概率必定位于最大值为 100% 和最小值为 33% 的范围内。作为变量设置者，我们可以让局域隐变量在源头上与任何情况下的量子纠缠粒子的行为相匹配，前提条件是相反测量结果的概率绝不低于 1/3。

那么，变量设置者需要匹配的量子预测是什么呢？在量子世界中，测量不是独立行为。从某种程度上说，当爱丽丝将她的探测器设置为 A1 并得到 1 时，鲍勃的粒子在这种探测器设置下得到的肯定是 0。如果纠缠粒子是自旋，那么鲍勃的粒子在不同的探测器设置下得到0的确切概率，将取决于设置之间的确切夹角度数。如果我们知道在与爱丽丝的A1设置相对应的角度下，鲍勃的粒子状态将得到0的测量结果，那么当B2与A1相同时，鲍勃在B2设置下得到0的概率将是100%。而且，当旋转B2并使其与A1的夹角增大时，这个概率将随之减小。通过对具体情况的研究，我们发现这个概率可能会降至25%（探测器之间的夹角为60度）。

因此，变量设置者面临着一项不可能完成的任务：对于某些探测器设置的组合，量子物理学预测的相反测量结果的概率低于利用局域隐变量可以实现的最小概率。更重要的是，精细的实验很容易就能区分开25%和33%的概率，这使得物理学界可以一劳永逸地解决玻尔和爱因斯坦之间的争论。

当然，物理实在比我们的这个八态玩具模型要复杂得多，但贝尔的证明过程也很复杂。贝尔考虑了一种更一般的情况，并证明了一个无懈可击的数学定理。该定理表明，对于任何EPR类实验，总有探测器设置做出的预测与局域隐变量理论不一致。

贝尔撰写的关于EPR实验的最初几篇论文并没有引起广泛的注意，但却激发了一些决定开展这个实验的物理学家的兴趣。20世纪70年代中期，约翰·克劳泽（John Clauser）领导的一项初步测试得到了与量子物理学的预测一致的结果，尽管它的统计检验力较弱。1981—1982年，年轻的法国物理学家阿兰·阿斯佩（Alain Aspect）做了一系列被公认为具有权威性的实验，不仅得到了与量子极限一致的结果，还堵住了一些明显的漏洞（利用这些漏洞，局域隐变量理论可以模仿量子物理学的预测

结果)①。在过去的35年里，人们又做了无数个"贝尔测试"实验，所有测试结果都表明，量子物理学的预测是正确的。爱因斯坦、波多尔斯基和罗森青睐的局域隐变量理论，并不能正确地描述我们的量子宇宙。

量子密码术

对物理学家来说，EPR证明和贝尔定理的最引人入胜之处，就是它揭示了宇宙的基本性质：这些纠缠粒子之间的"鬼魅般"的相关性是非常真实的，并且在无数的实验中得到证实。这意味着，距离远的点之间可能存在量子连接，这似乎与我们的直觉（相距遥远的位置事实上是相互独立的）相悖。了解这种基本的非局域性的具体细节，以及是什么阻止它更广泛地显现并颠覆我们的日常现实，这是一个引人入胜的课题，让为数不多但却积极活跃的物理学家和哲学家为之着迷。②

但在本书中，我们关注的主要是量子物理学的各个方面对日常活动的影响。尽管量子基础研究可能富有吸引力，但量子纠缠最引人关注的可能是它不存在于日常现实中。在日常生活中，我们完全看不到它产生明显的实际效果。

不过，量子纠缠有一个极其实际的应用，即在量子密码术中观察任何一个纠缠粒子实验的原始数据，你就会看到：在A点完成的每次独立测量都会随机得到0或1的结果，但做这些测量的科学家都绝对肯定地知道，在B点做同样测量的他们的同事肯定会得到相反的测量结果。这

---

① 阿斯佩实验的细节引人入胜，但在这里就不赘述了。

② 乔治·马瑟（George Musser）的《鬼魅般的超距作用》（*Spooky Action at a Distance*）一书很好地概括了物理学中非局域相互作用的历史，以及它令人兴奋的研究现状。

个过程使得两个相距遥远的人可以形成两组完全随机又高度相关的随机数字，这恰恰是信息加密和解密所需要的。

在真实的贝尔实验的基础上加以调整，即测量共享粒子时在不同的探测器设置间转换，守口如瓶的物理学家就可以排除遭到窃听的可能性。爱丽丝和鲍勃共享大量的纠缠粒子对（在后面我们将继续讨论它们是电子自旋的情况），而且在使用列表时，他们会随机决定测量上下方向还是左右方向。完成所有测量后，爱丽丝分享了她对每个自旋进行的测量，但她公开的不是测量结果，而只是上下或左右的测量方向。在大约一半的情况下，鲍勃会做同样的测量，而且他们的测量结果完全相关——爱丽丝得到1而鲍勃得到0，反之亦然。如果鲍勃告诉爱丽丝哪些测量相同，即他不说出结果，而只告诉爱丽丝哪些粒子对有相同的探测器设置，他们就会得到一组完全相关的随机数字。当爱丽丝在其中一半数据中找到1时，她就可以推断鲍勃得到的测量结果是0，反之亦然。因此，他们可以使用这些数字作为加密信息所需的密钥。

测量设置的随机转换会减慢他们生成密钥数字的速度，但可以阻止潜在的窃听者。爱丽丝的头号敌人伊芙要想盗取密钥，就必须拦截一个纠缠粒子并对它的状态进行测量，然后给鲍勃发送一个状态确定且与她的测量结果相对应的替代粒子。例如，如果她测量的是自旋向上，并得到1，她就会准备一个处于1状态的新粒子，并将其发送给鲍勃。不过，因为伊芙无从知道爱丽丝和鲍勃将做哪个测量，所以她不得不随机选择探测器设置，而这将不可避免地造成错误。如果伊芙测量的是上下方向，而爱丽丝和鲍勃测量的是左右方向，他们就有50%的概率得到两个1，而不是他们期望的1和0。

因此，伊芙拦截密钥的尝试将会招致错误，这意味着解密信息的尝试会产生一些"胡言乱语"的字符。更重要的是，它会使爱丽丝和鲍勃发现伊芙的存在。他们在生成密钥时可以多测量一些粒子对，然后从测量结果中随机选择一部分进行测试，不仅共享做的是什么测量，而且共享测量结果。如果爱丽丝和鲍勃发现不完全相关的情况过多，他们就会知道伊芙正在试图拦截他们的密钥，从而采取措施消除威胁。

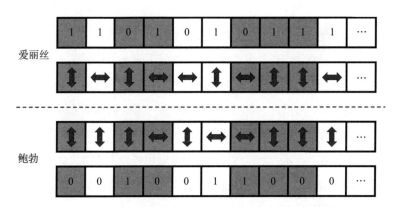

图 11-1　量子密钥生成过程示意图。爱丽丝和鲍勃共享纠缠自旋，各自随机决定测量自旋向上/向下还是自旋向左/向右。当他们的测量选择一致（阴影方格）时，爱丽丝得到 0 就意味着鲍勃得到了 1，反之亦然。如果他们共享每个自旋的测量，并在做相同的测量时保留这些自旋的测量结果，他们得到的随机数字就具有相关性，可用作密钥

　　当然，在实践中，许多技术细节会让上述基本过程变得更复杂。真实世界的量子密码术系统使用偏振光子作为纠缠量子粒子，而要可靠地发送和探测单个光子，难度很大。不过，自 1984 年被首次提出以来，它就一直是一个活跃的研究领域，而且进展稳定。通过光纤发送偏振光子进行的量子密钥分发已经在数百千米的距离上得到了证明，其可靠性能满足商业系统的需要。

　　本章前面提到的中国团队还演示了地面实验室和轨道卫星之间的量

子密钥分发。2017年秋，他们通过一颗中国卫星——墨子号（Micius），以公元前5世纪的中国思想家墨子的名字命名——在中国和奥地利之间进行了首次"量子安全"的国际通话。当墨子号经过位于北京的实验室上空时，他们将激光脉冲对准卫星，生成密钥。不久后，当这颗卫星经过维也纳上空时，那里的一个实验室重复了该过程。然后，他们利用生成的联合密钥对这两座城市之间的一个视频链接进行了编码和解码，使中国科学院院长白春礼和奥地利科学院院长安东·蔡林格（Anton Zeilinger），以视频电话的方式拉开了一次量子研讨会的帷幕。

虽然量子密钥分发系统还未得到广泛应用，但不难相信，随着在线商务重要性的日益增加，银行和零售商总有一天会利用量子纠缠来保护我们的在线购物行为。当然，这不能保证绝对安全。有研究小组正在研发"量子黑客"技术，防范潜在的窃听者运用各种手段伪装自己并窃取量子密钥。量子力学不会终结保守秘密和窃取秘密之间的"军备竞赛"，而是把"战争"转移至一个更加鬼魅般的新战场。

一个杰出的错误

人们长期以来一直认为，在量子物理学的创建上发挥过关键作用的爱因斯坦从这个领域转身离开，是他辉煌的职业生涯的一个不幸的脚注。亚伯拉罕·派斯（Abraham Pais）为爱因斯坦撰写的权威科学传记《爱因斯坦传》（*Sabtle Is the Lord...*），几乎没有提及EPR论文，显然是将其视为爱因斯坦职业生涯晚期的一个短暂和不幸的插曲。

讽刺的是，这本书的英文版出版于1982年。而同一年，阿兰·阿斯佩发表了他利用纠缠光子完成的第三个实验，该实验被公认为现实世界中实现EPR设想的最佳实验之一。得益于约翰·贝尔的研究工作，该实验令人信服地证明了量子纠缠粒子是以某些方式相互关联的，但它们无法用爱因斯坦赞同的局域隐变量理论来解释。从那时起，EPR论文的地位得到了极大提升。2005年的一项分析显示，EPR论文在1980年之前仅被引用了36次，但在1980—2005年被引用了456次。2017年年末的数据表明，它被在线论文引用了不下5 900次。

　　爱因斯坦、波多尔斯基和罗森提出的论点最终被证明是错误的，但这并不是一个无聊的错误。事实上，它是一个杰出的错误，因为它揭示出量子物理学的一个此前从未被考虑过的奇怪和令人困扰的方面。它是一个深层和微妙的错误，恰如其分地表明了一个看似常识的物理学方法的失败，为何以及如何引发了巨大的进步，不仅是在物理哲学方面，而且是在探索纠缠这一基本的怪诞属性的技术方面。

　　因此，从这个意义上说，EPR论文并不是爱因斯坦的量子物理学生涯的一个不幸脚注，而是一个恰当的句号。1905年，他大胆宣称光可能是一种粒子，帮助创立了量子物理学。30年后，他又戏剧性地提出了量子纠缠理论，尽管这与经典物理学背道而驰，但同样是大胆之举。在此过程中他发表的每篇论文，都以其特有的方式改变了我们对宇宙的理解，也揭示出深藏于我们普通的日常生活之中的深刻的奇异性。

　　本书开头谈到了一个普遍看法，即大多数人都把物理学与极端和怪异的现象联系在一起，例如，大型粒子加速器中稍纵即逝的奇怪粒子，突然创造出物质和时空的大爆炸，坍缩并形成黑洞的巨星的神秘命运。发生在各种尺度上的这些现象激发了我们的想象力，让我们提出一个又一个与关于世界运行机制的日常直觉相悖的想法。

　　但在随后的章节中我们看到，同样的物理学原理不仅在这些不同寻常的情境中起作用，还会影响一些极其平常的活动，比如起床和上班前做早餐。事实证明，即使像固体具有稳定性这样的基本事实，也需要用量子理论来解释：如果没有电子自旋和泡利不相容原理，任何试图制造宏观物体的努力都将以灾难性的内爆告终。我们所做的一切，无论多么平常，归根结底都与量子物理学有关。

　　不过，我希望读完本书后，你能清楚地知道这种联系是双向的，也就是说，奇异的量子物理学归根结底也与影响日常物体行为的普通现象有关。整个领域始于一个看似简单的问题：为什么高温物体会发出特定颜色的光？高温物体发出不同颜色的光，无论是电烤箱、白炽灯泡还是太阳，这种现象如此普通，以至于我们几乎从未想过去解释它。值得庆幸的是，19世纪的光谱学家出于好奇心，决定仔细研究光的颜色，再加上马克斯·普朗克的大胆之举，将我们引上了通往物理学领域的最奇怪和最强大理论的道路。

但是，物理学家提出这个奇怪和反直觉的理论，并不是一个一蹴而就的过程，相反，我们是在一系列推理的引领下不屈不挠地走完了整个历程，而且每一步都始于一个在相对平常的环境中易于观测的现象。普朗克先提出量子假设来解释黑体辐射问题，然后爱因斯坦运用这个概念来解释光电效应，光电效应又带来了光子统计学和激光器。玛丽·居里深入研究了放射性，欧内斯特·卢瑟福利用放射性发现了原子核，在此基础上，尼尔斯·玻尔又提出了离散原子态，并带来了超精确的原子计时技术。门捷列夫提出的元素周期表带来了电子壳层的概念，沃尔夫冈·泡利又据此提出了不相容原理。事实证明，泡利不相容原理对任何事物都是必不可少的。

量子物理学的故事并不是人们凭空捏造出各种不切实际的怪异想法的故事，而是凭借决心和缜密的逻辑保持基本的好奇心的故事。除此以外，还有巨大的勇气，在量子物理学发展历程的几个关键环节，普朗克、爱因斯坦、玻尔和德布罗意等人先后提出了大胆而惊人的观点；这些想法很容易被驳斥为"疯言疯语"（有些确实有此遭遇），但它们经受住了实验的严格检验。

因此，量子物理学和日常活动之间的联系是相互的。如果没有量子物理学，一顿平常的工作日早餐就是不可能的；如果没有科学家观察高温物体发出的光和两个磁体间的吸引力，并且说"我想知道为什么会这样？"，量子物理学就不可能存在。

最后，我希望这种双向联系可以带给你双重收获。一方面，我希望本书对日常现实背后的物理学的讨论能激励你更认真地观察日常活动，更深刻地理解它们与惊人而奇异的物理学之间的根本关系。另一方面，我希望量子理论的发展故事可以激励你追随自己的好奇心，提出一些关于你周围世界的问题，然后认真思考这些问题，让它们引领你不断前进。事实证明，在大多数时候我们都会取得惊奇发现。

致
谢

　　一本书出版时，封面上的署名作者通常只有一个，但它的出版事实上是很多人共同努力的结果，他们必须得到作者的衷心感谢。就本书而言，我首先要感谢的是我的代理人艾琳·霍西尔，是她为本书找到了出版商。

　　书中的一些想法在我的《福布斯》（*Forbes*）博客上进行了某种程度的"试运行"。我要感谢亚历克斯·纳普给了我把这些想法变成文字的机会。得益于和其他科学家的讨论，特别是艾希·乔加莱卡尔、尼利亚·曼恩、道格拉斯·内特森、迈克尔·尼尔森、戴夫·菲利普斯、汤姆·斯旺森和马克·沃克尔，我进一步明晰了自己的某些想法。他们帮助我订正了错误，如果本书仍有疏漏之处，那肯定不是他们的错。

　　感谢本书英文版的编辑。本贝拉出版公司的亚历克萨·史蒂文森和一个世界出版公司的萨姆·卡特尔帮助我厘清和聚焦了观点，文字编辑斯科特·卡拉马尔和詹姆斯·弗雷利帮我订正了语法和标点符号错误。感谢杰西卡·里克和出版团队的其他成员，他们让本书看起来更棒。

　　这是我写作的第四本书，在某种程度上也是最难写的一本。万分感谢我的家人，如果没有他们的支持，这一切都不可能实现。我要特别感谢凯特·内普弗的耐心聆听、试读，以及对我与众不同的作息时间和我心不在焉的包容。感谢克莱尔和戴维为我时不时地远离电脑提供了出色的借口。